위비 따라 인형 만들기

미호

Handmade dolls for sweet kids

ne
and
nes
by
Claire Henley,
acqueline Mair,
ren Perrins,
Sara Walker
gon
½ Grosse Garantie
005

contents

shaky
shaky
mobile

deep
blue sea

저에겐 세 살 터울의 여동생이 있어요.
저와 동생은 늘 인형을 가지고 놀았지요.
솜씨 좋은 엄마가 우리의 작아진 옷으로 만들어 주셨던 인형.
과자 박스에 예쁘게 색칠해서 오려 주셨던 종이인형.
백화점에서 엄마와 함께 줄서서 샀던 양배추인형….

우리는 인형을 '내 친구'라고 불렀어요.
"내 친구야 내 친구야" 하면서 소꿉놀이도 하고 엄마아빠놀이도 했지요.
심심할 틈이 없었어요.
밤에도 인형들과 함께라면 혼자 자도 무섭지 않았고요.
여행갈 때도 가득가득 챙겨갔어요.
짐 늘어난다고 싫어하지 않으시고
원하는 인형은 모두 가지고 갈 수 있도록 배려해주신
엄마, 아빠의 따뜻한 마음을 지금에서야 느껴요.

동생에게는 딸이 하나 있어요.
'리아'라는 이름의 조카예요. 리아 공주님은 외동딸이에요.
외동딸이라 혼자 노는 시간이 많지요.

제가 만들어준 '허금이(hug me)'와 같이 노는 리아의 사진이에요.
리아에게 인형은 친구도 되었다 동생도 되었다 언니도 되었다 선생님도 된답니다.
잠들기 전에는 이제는 작아진 메리야스 러닝셔츠를 인형들에게 입힌 후
조르르 뉘어서 재우고 난 다음 자신도 잠든다고 해요.

아이들에게 인형은 어른인 우리가 생각하는 것보다 훨씬 많은 의미를 지니는 것 같아요.
엄마가 직접 원단을 고르고 한 땀 한 땀 바느질해서 만든 인형은
백화점에 진열된 그 어떤 값비싼 인형보다 가치가 있어요.
완벽하게 바느질된 너무 예쁜 인형을 만들려고 할 필요는 없어요.
요즘 유럽에서는 살짝 잘못 만든 듯한 느낌의 삐뚤빼뚤 인형이 유행이랍니다.
바느질 고수는 오히려 따라 하기도 어려운 사랑스럽고 귀여운 인형들이죠.
그러니 부담 없이 도전해보세요.
내가 유럽의 인형 디자이너라 생각하고 말이죠.

마음 한가득 사랑을 담아
이 책과 인형들을 조카 리아 공주님에게 바칩니다.

2012년 6월, 위비 윤아영

만들기의 기초
Basic of Making

1 재단가위

원단을 자르는 가위예요. 재
단가위로는 원단만 잘라야
해요. 종이 등 다른 것들을 자
르면 금세 날이 상해서 원단
을 잘 자를 수 없어요.

2 겸자

솜을 집어넣거나 인형의 팔,
다리 등을 뒤집을 때 사용하
는 집게 모양의 가위예요. 폭
이 좁은 원단을 뒤집을 때 사
용하면 편리해요.

3 수성펜

원단에 바느질 선을 그릴 때
사용해요. 수성펜 자국은 세
탁을 하면 쉽게 지워져요.

4 쪽가위

실밥을 자를 때나 작은 부위
에 가위집을 낼 때 사용해요.

5 실뜯게

바느질을 잘못 했을 때 실뜯
게를 사용하면 원단을 손상
시키지 않고 실밥을 쉽게 제
거할 수 있어요.

6 스냅단추

암, 수가 나뉘어져 있는 똑딱
이 형식의 단추예요. 원단 양
쪽에 한쪽씩 달면 돼요. 단춧
구멍을 내기 어려운 초보들
에게 유용한 단추예요.

7 바늘 세트

여러 가지 사이즈의 바늘이
다양하게 들어있어요. 바늘
귀가 작은 것은 일반 박음질
용으로 사용하고 바늘귀가
큰 것은 두꺼운 실을 넣어 스
티치를 할 때 사용해요. 실의
두께에 따라 바늘귀를 선택
하면 돼요. 인형의 팔다리를
연결할 때는 길이가 긴 바늘
을 사용하세요.

8 줄자

신체 치수를 재거나 곡선 부
위의 길이를 잴 때 사용해요.

9 소리도구

다양한 종류의 소리가 나는
방울, 딸랑이, 삑삑이를 솜
과 함께 인형에 넣으면 아이
들의 호기심을 유발할 수 있
어요.

10 시침핀

원단을 고정하여 바느질할 때
사용해요.

11 퀼트실

실의 표면이 코팅되어 있으
므로 일반 면사에 비해 잘 엉
키지 않고 튼튼하게 바느질
할 수 있어요. 주로 손바느질
을 할 때 많이 사용하는 실
이에요. 인형은 자주 세탁해
야 하기 때문에 손바느질하
는 부분은 꼭 퀼트실을 사용
하세요.

12 수실

다양한 색감과 두께의 스티
치실은 인형의 눈, 코, 입과
표정을 표현할 때 많이 사용
하면 좋아요.

13 색실 세트

두 줄(두 가닥)로 사용하는 실
이에요. 십자수실 두 줄과 비
슷한 두께와 색감이에요. 스
티치할 때나 상침할 때 주로
사용해요.

14 글루건

인형의 눈과 코, 액세서리를
붙일 때 사용하면 편리해요.

1 단추

인형의 팔, 다리를 연결하거나 눈과 코 등을 표현할 때 사용해요. 색상과 사이즈는 만들고 있는 인형이나 장난감의 스타일에 따라 선택하세요.

2 구슬

특별한 장식이 필요한 부분에 사용하면 예뻐요. 다양한 모양과 색상의 구슬이 나와 있으므로 원하는 스타일에 따라 선택하세요.

3 비즈

모빌을 만들 때 낚싯줄에 끼워 사용해보세요. 인형의 목걸이를 만들거나 옷을 만들 때 달아도 예뻐요.

4 방울 폼폰

방울 모양의 폼폰은 털실이나 펠트 등 다양한 재질의 제품으로 판매돼요. 사이즈나 색감 역시 다양하므로 원하는 스타일에 맞게 선택해서 사용하면 돼요.

5 재단 펠트

요즘은 시중에 여러 가지 무늬의 재단 펠트가 판매되고 있는데 인형을 만들 때 활용하기 좋아요. 재단 펠트는 감침질이나 글루건으로 인형에 부착해요.

여러 가지 장식 도구들은 동대문 종합시장 5층이나 온라인 비즈숍, 펠트숍, 리본숍에서 구입할 수 있어요.

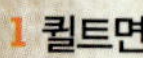

1 퀼트면

보통 40수 퀼트면을 많이 사용해요. 온라인 퀼트숍이나 원단숍, 동대문 종합시장 등 퀼트면 원단은 어디서나 쉽게 구매할 수 있어요. 최근에는 복고풍의 엔틱 원단이 유행이에요. '피드색'이라는 엔틱 원단으로 인형을 만들어도 참 예뻐요.

2 린넨

린넨 원단으로 인형을 만들면 고급스러워요. 천연 원단이라 아이들에게도 좋고 재질이 튼튼해서 세척을 자주 해야 하는 인형을 만들기에 좋아요.

3 폴라폴리스

폴라폴리스 원단은 도톰하고 올풀림이 없어 초보자들도 쉽게 바느질할 수 있고, 색감도 다양하고 선명해서 인형을 만들었을 때 완성도도 높아요. 저가의 폴라폴리스 원단은 보풀이 많이 일어나므로 되도록 좋은 폴라폴리스 원단을 선택하세요.

4 일반 면

프린트 원단이나 무지 원단 등 면 40수 정도의 원단을 많이 사용해요. 60수 원단은 얇아서 인형의 몸체보단 의류 제작에 사용하면 좋아요.

원단 구매처

위비 www.weebee.co.kr
더-시에스타 www.the-siesta.com
양품점 www.nice-shop.co.kr
에버린넨 www.everlinen.co.kr
패브릭러브 www.fabriclove.co.kr

인형을 만들 수 있는 원단이 정해져 있는 것은 아니에요. 퀼트면 원단, 타월지, 벨로아, 폴라폴리스, 린넨 등 어느 원단으로도 인형을 만들 수 있어요. 단 원단 선택 시 주의할 점은 신축성이에요. 신축성이 있는 원단은 솜을 넣으면 원단이 늘어나면서 원래의 도안과 모양이 달라질 수 있어요. 신축성 있는 원단을 사용할 때는 얇은 소프트 접착 심지를 원단 뒷면에 붙인 후 재단하여 바느질하면 늘어짐 없이 도안대로 인형을 완성할 수 있어요.

1 모직 원단

올풀림이 없어 펠트와 같은 용도로 사용 할 수 있어요. 펠트보다 약간 더 두께감이 있지만 부드럽고 고급스러워요.
인형의 옷을 만들 때에도 따로 오버로크하지 않아도 되므로 편리해요

2 쉬폰 망사 레이스

인형의 액세서리나 머리, 의류 등을 만들 때 등 다양하게 사용할 수 있어요. 리본숍에서 다양한 색상, 사이즈로 판
매되고 있어 쉽게 구입할 수 있어요.

3 셔링 레이스 털실 테이프

인형의 의류나 몸체에 둘러 포인트를 줄 수 있는 장식 부재료예요.

4 방울솜

인형의 속을 채워주는 충전솜이에요. 잦은 물세탁에도 복원력이 좋아서 일반 구름솜보다 많이 사용해요.

5 털실

인형의 머리카락을 만들 때 주로 사용해요. 털실은 종류와 두께가 여러 가지이므로 선택의 폭이 넓어요. 보풀이 잘 일어나지 않는 울사(wool)를 사용하면 좋아요. 가격이 저렴한 실은 정전기가 일어나고 잘 엉키니 이 점을 잘 생각해서 실을 선택하세요. 보통 30~40그램 정도면 인형 한 개의 머리카락을 넉넉하게 완성할 수 있어요.

6 리본 테이프

리본 테이프로 인형의 옷을 장식하기도 하고 인형에 직접 박음질하여 꾸며줄 수도 있어요. 인형의 머리카락을 만들 수도 있고요. 리본 테이프는 가장자리 올이 풀리지 않아서 여러모로 활용하기 좋아요.

망사 원단 및 테이프 구입처

리본마루 ribbonmaru.com
홀리코 www.holyco.co.kr
리본스토리 www.ribbonstory.co.kr

처음 재단부터 마지막 완성 단계까지 인형을 만드는 과정을 미리 살펴볼까요?
사진을 보며 과정을 잘 익혀두면, 직접 만들 때도 쉽게 따라할 수 있어요.

원단 안쪽 면에 도안을 대고 바느질 선을 그려주세요.

시접을 주고 재단하세요.

얼굴 앞면에 눈, 코, 입 을 만들어요. 눈은 단추를 달거나 스
티치로 표현해요. 펠트를 잘라서 꿰매도 되니, 자유롭게 응용
하여 만들어보세요. 입도 스티치나 펠트, 막대비즈 등을 활용
하여 다양하게 표현할 수 있어요.

얼굴과 몸통 원단을 겉면끼리 포개어 놓아요.

바느질 선을 따라 박음질로 얼굴과 몸통을 연결하세요.

시접은 가름솔 처리해요.

앞뒷면 원단을 겉면끼리 마주 닿게 포개어 놓고

창구멍을 제외한 나머지 부분을 박음질로 연결해요.

모서리 부분의 시접을 조금 잘라내요.

곡선 부분 시접도 조금 잘라내요.

곡선 부분 시접에는 가위집을 내요.

창구멍쪽 시접은 그대로 두고 나머지 부분의 시접은 조금 잘라내요.

창구멍을 통해 겉면으로 뒤집어주세요.

겸자를 이용하여 뒤집으면 편리해요.

겸자를 이용하여 창구멍으로 솜을 넣어요.

창구멍은 공그르기로 막아요.

실을 매듭지은 후 뒤편으로 실을 뽑아 잡아당긴 후 잘라요.

목 부분에 리본테이프를 두른 후 시접을 안으로 접어 넣고 감침질로 연결해요.

팔을 만들 두 가지 원단을 겉면끼리 포개어 놓고 박음질로 연결하세요.

시접을 가름솔 처리해요.

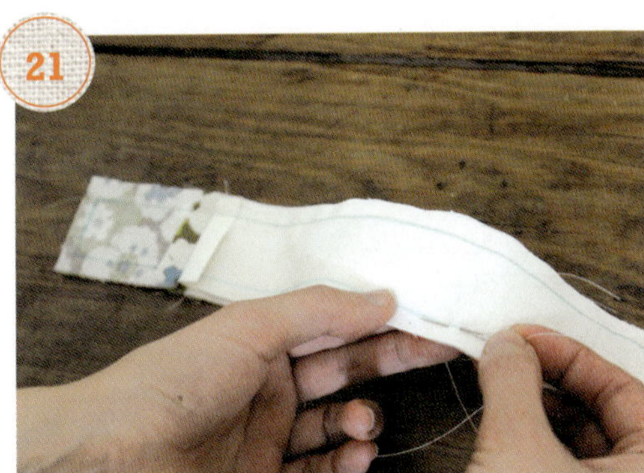

2장의 팔 원단을 겉면끼리 포개어 놓고 박음질로 연결해요.

창구멍을 통해 원단을 겉면으로 뒤집은 후 솜을 넣고 공그르기로 창구멍을 막아요.
다리는 원단을 패치워크하지 않고 한 가지 원단으로만 팔과 동일한 방법으로 바느질해요.

머리는 망사 원단이나 폭이 4~5cm 되는 리본 테이프로 만들어요. 폭이 4.5cm가 되게 망사 원단을 접어요.

머리에 대고 시침핀으로 고정해요.

감침질로 망사 원단과 얼굴 원단을 함께 떠서 고정해요.

곡선 부분은 망사 원단을 살짝 접어가면서 감침질해요.

뒷머리 부분에 망사 원단을 3~4겹 겹쳐 놓아요.

망사 시접을 밀어 넣어가면서 감침질로 고정한 후 25번에
서 바느질 된 망사 원단을 뒷머리 원단, 망사 원단 함께 감
침질로 고정해요.

망사 원단을 접어 돌돌 말아요.

아랫부분을 실로 꿰매 고정해요.

머리에 놓고 공그르기로 연결해요.

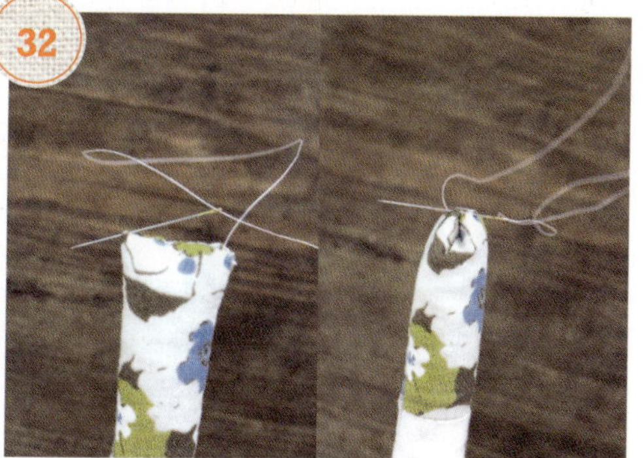

팔의 윗부분은 바늘로 몇 땀 뜨고 잡아당겨 오므려요.

긴 바늘을 이용하여 단추로 팔을 달아요.
이때 바늘이 몸통을 관통하며 연결되어야 팔이 움직일 수 있어요.

공그르기로 다리를 몸통에 연결해요. 앞쪽에서 공그르기해요.

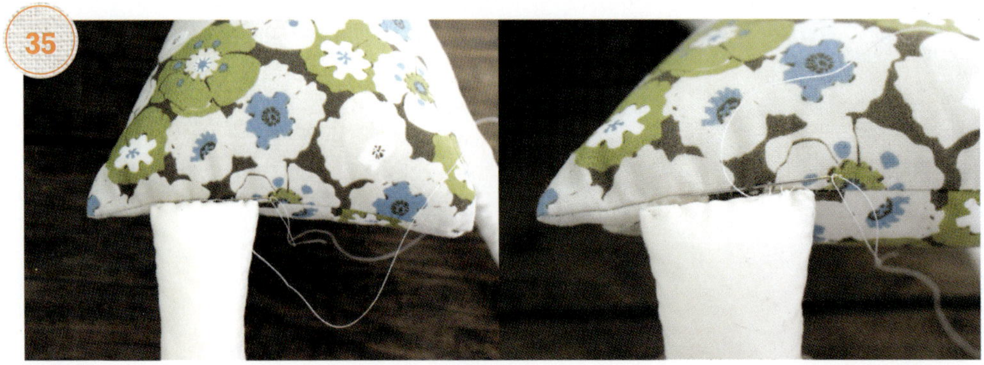

뒤로 돌려 다리 뒷면도 공그르기로 몸통에 연결해요. 튼튼하게 한두 바퀴 돌아가면서 공그르기해요.

쉬폰 레이스나 모직 원단 등 올이 풀리지 않는 원단으로 위쪽 면에 홈질하여 주름을 만들어주세요.

리본 테이프를 박음질로 치마 원단과 연결해요.

완성한 모습이에요.

바느질 용어 배우기

박음질(백 스티치)

한 땀 길이만큼 원단 뒤로 바늘을 넣은 후 두 땀 길이만큼 앞으로 바늘을 빼내는 방법으로 재봉틀 바느질 모양처럼 손바느질하는 방법이에요. 바늘을 천 뒤에서 앞으로 뺀 후 오른쪽으로 (시작 지점에서 뒤로) 한 땀 간격을 두고 바늘을 꽂은 후 시작점 왼쪽으로(앞으로) 한 땀 떠요.

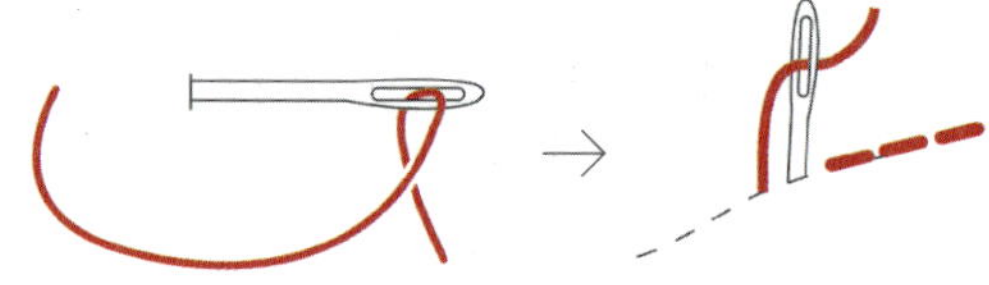

홈질

한 땀 간격으로 바늘땀을 반복하는 바느질이에요. 실을 잡아당겨 주름을 만들 때나 임시로 원단을 고정할 때 주로 쓰는 바느질 방법이에요.

공그르기

원단을 겉면에서 서로 연결할 때 쓰는 방법이에요. 천을 안으로 접은 후 위쪽 원단에 바늘을 한 땀 통과시키고 아래쪽 원단에 바늘땀을 통과시키는 식으로 반복해요. 천의 겉면에 바느질 땀이 나오지 않게 주의하세요.

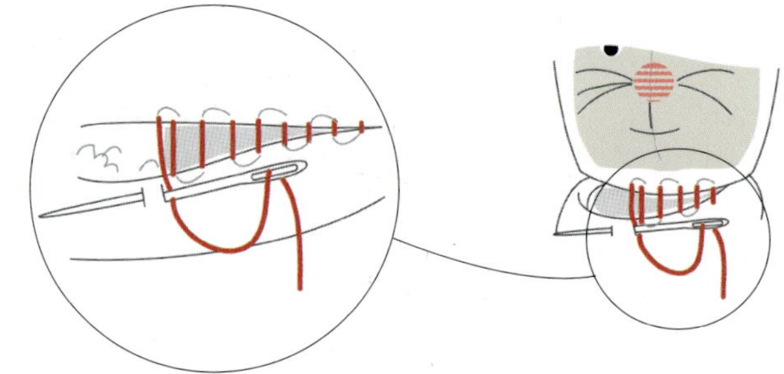

버튼홀 스티치

원단 가장자리에 매듭이 지어지도록 세로로 바늘을 넣었다가 빼낸 후 실을 걸어 바늘을 빼내는 방법이에요.

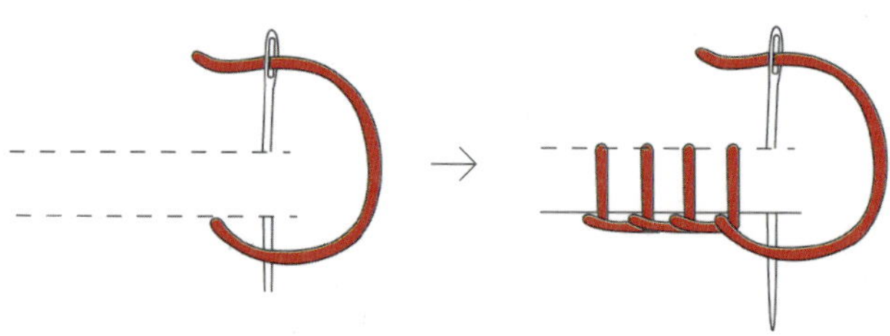

원단에 사선이나 직선으로 바늘을 넣고 빼서 면을 메우는 스티치 방법이에요.

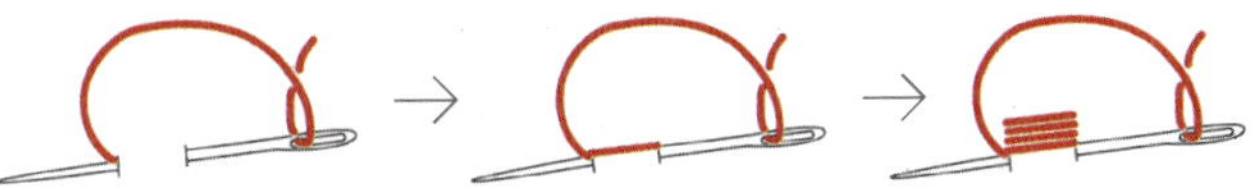

바느질 진행 방향으로 바늘에 실을 건 다음 바늘을 빼 사슬 모양으로 연속하여 링(고리)을 만들어요.

바늘에 실을 3~4회 감고 시작 지점 바로 옆으로 바늘을 빼내서 매듭을 만드는 방법이에요.

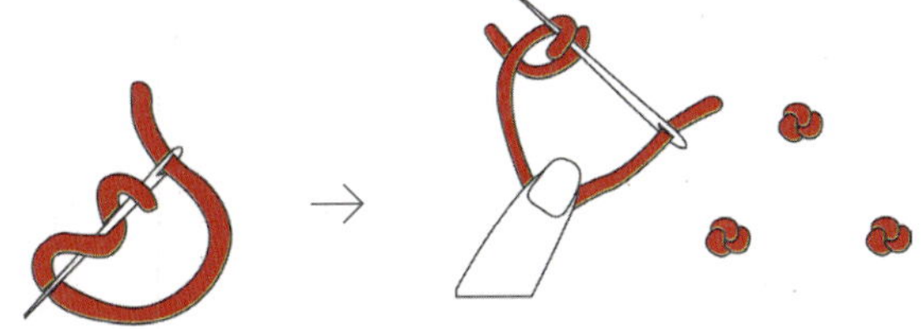

원단을 뒤집기 전에 곡선 부분이나 모서리 부분의 시접을 잘라 정리해주면 원단을 뒤집었을 때 겉면이 울지 않고 매끄러워요.

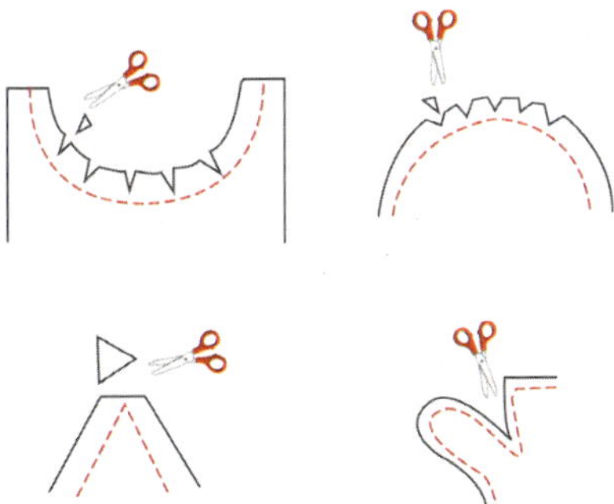

Let's do it!

왕자님들이 특히
좋아하는 인형이예요!

날아라 슈퍼맨

go to p.070

어려운 사람을 도와주고 하늘도 슈웅 날아다니고
정의의 슈퍼맨은 못하는 게 없어요.
어디선가 누구에게 무슨 일이 생기면
슈퍼맨이 날아가서 다 해결해준답니다.

클로이와 에이미
go to p.074

팔, 다리가 쭉쭉 길어 발레리나 같은 소녀 인형들이에요.

리본 테이프로 머리카락을 만들어 세척하거나 관리하기 쉬워요.

새초롬한 표정의 클로이와 에이미는 공주님들에게 사랑을 듬뿍 받을 거예요.

에이미
클로이

옷 갈아입히기 놀이에 딱 좋은 인형이에요.

파스텔 코끼리
go to p.078
pastel
elephants

혼자서도 잘 서고 앉을 수 있는 코끼리 인형이에요.

특색있는 긴 코 덕분에 아이들에게 꾸준히 사랑받는 동물 인형이랍니다.

사랑스런 옷을 입고 있는 파스텔 코끼리는 공주님방 인테리어용으로도 너무 잘 어울려요.

왕자님을 만나러 가야지!

go to p.084

인어공주와 친구들

디즈니 만화 중 가장 인기 있는 인어공주 인형이에요.

공주님들이 너무나 좋아하는 에어리얼과 귀여운 플랜더스 물고기, 코믹한 세바스찬까지…

'Under the sea' 노래를 틀어주면 더 신나게 가지고 놀아요.

Winnie
the
pooh

엄마가 들려주는 옛날이야기가 세상에서 가장 좋은 아이들에게

잠자리에 들기 전 푸우와 친구들 장갑을 끼고 이야기를 들려주세요.

다정한 엄마 목소리를 들으며 행복한 꿈을 꿀 거예요.

아이들은 엄마 따라 하기 놀이를 좋아해요.

주방에서 보글보글 요리하는 시간이 많은 엄마를 따라

아이들도 셰프 인형과 지글지글 요리를 해요.

홀쭉이와 뚱뚱이 셰프
go to p.096

셰프 모자와 앞치마를 인형과
세트로 만들어 아이도 함께 착용하면 좋아요.

토끼 곰 생쥐
go to p.102

고전적인 동물 인형을 만들어볼까요?

순박하고 착하게 생긴 토끼와 곰, 생쥐 인형이에요.

귀의 모양, 원단의 색감, 스티치로 표현하는 표정에 따라

토끼가 되기도 하고, 곰이 되기도 하고, 생쥐가 되기도 하죠.

rabbit bear mouse

난 멋진 옷을
입은 생쥐라구!

squeak

baba & mimi

노란 털실 머리, 파란 털실 머리의 인형이에요.
파란 머리는 바바, 노란 머리는 미미랍니다.
옷도 갈아입혀 보고 미장원 놀이도 하면서
엄마 역할도 해보고 언니 역할도 해볼 수 있어요.

바바와 미미

go to p.108

go to p.114

바스락 바스락 인형

옷에 붙은 라벨이나 이불깃을 만지며 노는 아기들에게 바스락 바스락 인형을 선물해보세요.

아기들이 만지면 재미있는 소리가 나는 인형이에요.

원단 사이에 슈퍼마켓에서 받은 비닐봉지를 넣어서 만들었어요.

알록달록 앵무새

go to p.116

판타지 동화 속에 나올 것 같은 알록달록한 앵무새 인형이에요.

인형 속에 솜을 넣으면서 새 소리가 나는 도구를 같이 넣어주면 좋아요.

아기의 시각과 청각, 촉각을 함께 발달시켜주는 인형이랍니다.

부엉이 삼총사
go to p.118

three
owls

여기저기 다 볼 수 있는 큰 눈, 길고 긴 다리,
예쁜 발을 가진 부엉이 인형이에요.
책꽂이나 찬장 등 높은 가구 위에 올려두면
센스 있는 인테리어용 인형이 된답니다.

Udadadada~

짧은 다리와 긴 허리가 매력적인 닥스훈트는
아이들이 가장 좋아하는 동물 중 하나예요.
몸통과 보색을 이루는 원단으로 귀와 다리, 꼬리를 만들면
북유럽 느낌의 장난꾸러기 닥스훈트가 완성된답니다.

자장자장 세 자매
go to p.122
클라라
라라
순이

Hushaby

피부색이 다른 세 자매 인형이에요.
순이와 로라, 클라라랍니다.
침대에 나란히 눕혀 자장자장 재우기도 하고요.
슬리핑 백에 담아 들고 다니기도 해요.

인형과 옷 몇 가지를 넣어둘
수 있는 보관용 파우치도 함께
만들어주세요!

아가야! 슬리핑 백에 들어가
코~ 자야지!

슬리핑 백에 끈을 달면 아이들이 가방처럼 들고 다닐 수 있어요.

입술 몬스터
go to p.128

세 가지 사이즈의 몬스터 인형이에요.

도톰하고 큰 입술이 매력 포인트랍니다.

입술 몬스터의 긴 팔로 아이방의 침대헤드나 커튼을 감아둬도 재미있어요.

눈이 하나만 달린 귀여운 몬스터 인형이에요.

보송보송한 마이크로 폴라폴리스 원단을 사용해서 만들어보세요.

초보자도 짧은 시간 안에 예쁘게 완성할 수 있답니다.

마이크로 폴라폴리스 원단은
색상이 화사하고, 바느질도 쉬운 원단이에요.

부엉이 모빌
go to p.132

화려한 비즈와 구슬로 멋을 낸 부엉이 모빌이에요.
나뭇가지에 걸어서 장식하거나
아이들 방의 커튼 봉, 전등에 매달아서 장식하면
방이 한층 더 밝고 화사해질 거예요.

shaky
shaky
mobile

시원한 바다가 생각나는

블루 패브릭으로 만든 해마 모빌이에요.

조각 원단과 리본 테이프 등을 활용하여

아이들과 함께 만들어보면 좋아요.

방문 앞 리스로 걸어둬도 좋고요.

만드는 방법
How to make

날아라 슈퍼맨

작품보기 p.032

준비물

- 얼굴·손용 살색 원단 35×22cm
- 몸통·팔·다리·망토용 원단(남색 70×35cm, 빨간색 70×35cm)
- 머리용 검정색 원단·검정색 펠트지
- 슈퍼맨 로고용 빨간색, 노란색 펠트지
- 눈용 단추 2개
- 방울솜 200~220g

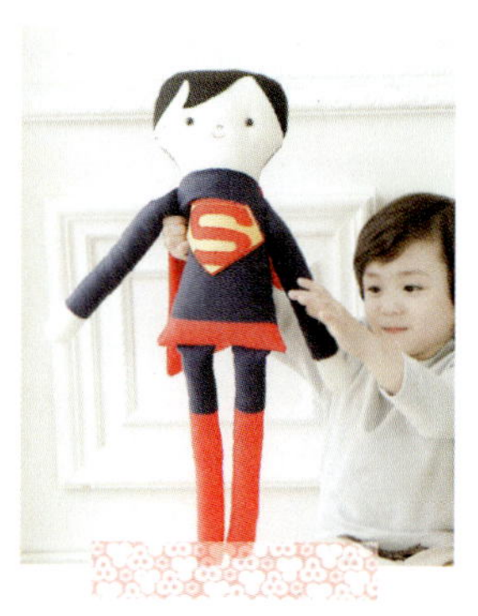

1

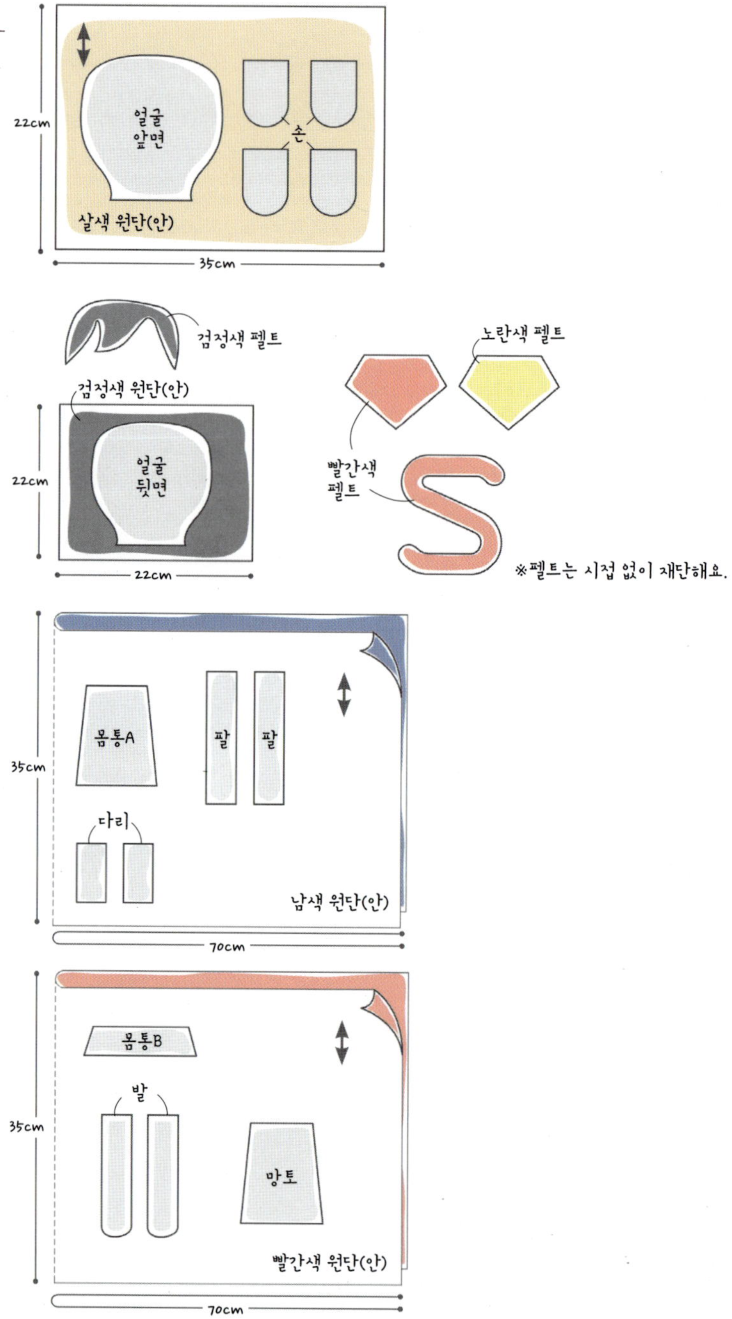

원단 안쪽 면에 도안을 대고 바느질 선을 그려요. 펠트지를 제외하고 모두 0.7cm 시접을 주고 재단해요.

2

얼굴 앞면 원단에 머리용 펠트지를 놓은 후 홈질로 연결해요. 단추눈을 정해진 위치에 달고 코와 입은 백 스티치(박음질)로 표현해요.

3

노란 펠트지 위에 S자 로고를 놓고 홈질로 연결해요.

4

3을 빨간색 펠트지 위에 놓고 감침질로 고정해요.

5

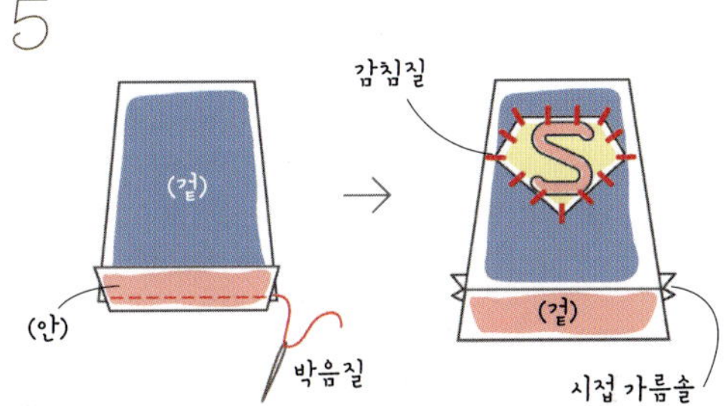

남색 몸통 원단에 빨간색 몸통 원단을 겉면끼리 마주 닿게 포개어 놓은 후 박음질로 연결해요. 시접은 가름솔 처리하고 S자 로고를 몸통 앞면에 올려놓고 감침질로 연결해요.

6

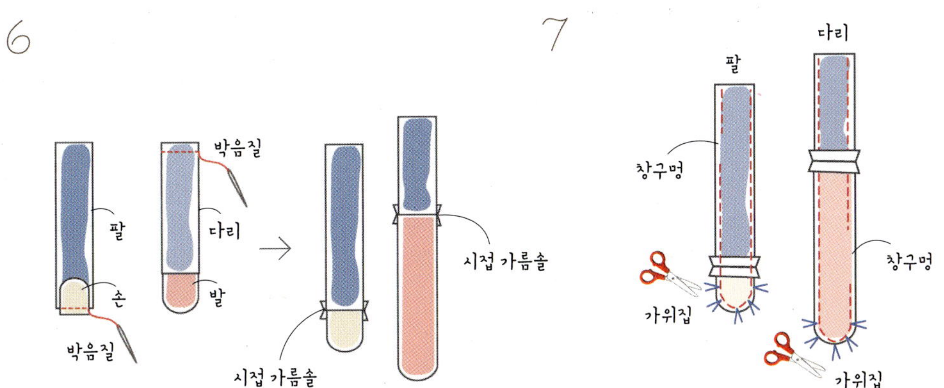

팔, 다리 원단에 손, 발을 겉면끼리 각각 마주 닿게 포개어 놓고 박음질로 연결한 후 시접은 가름솔 처리해요. 팔과 다리를 총 4장씩 만들어요.

7

팔과 다리 원단을 각각 2장씩 겉면끼리 마주 닿게 포개어 놓은 후 창구멍을 남기고 박음질해요. 곡선 부분의 시접을 조금 짧게 잘라 정리한 후 가위집을 내고 겉면으로 뒤집어요.

8

몸통 앞면(S자 로고가 붙은 곳)과 얼굴 앞면을 겉면끼리 마주 닿게 포개어 놓은 후 박음질로 연결해요.
시접은 가름솔 처리해요.

9

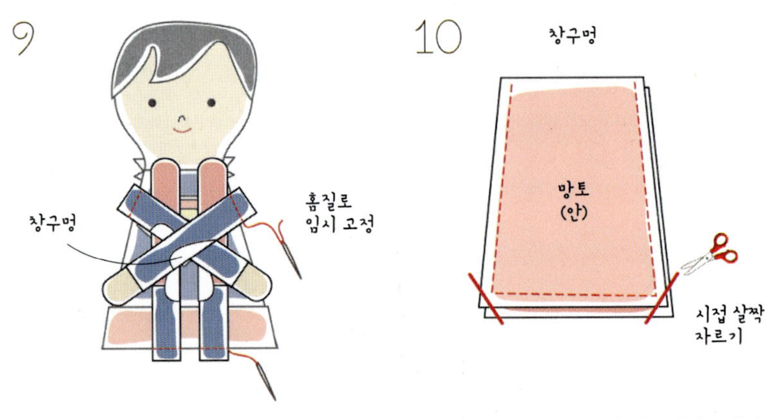

팔과 다리를 각각의 위치에 놓고 홈질로 임시
고정해요.

10

빨간 망토 원단을 겉면끼리 마주 닿게 포개어
놓고 박음질해요. 모서리 시접을 조금 자른 후
겉면으로 뒤집어요.

11

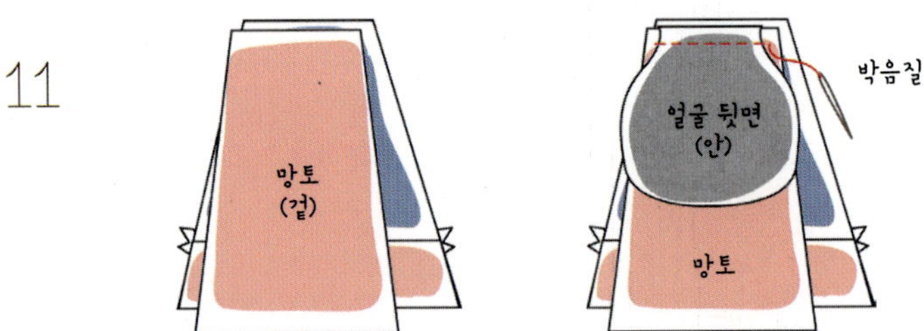

몸통 뒷면(겉)에 망토 원단을 올려놓고 그 위에 얼굴 뒷면 원단을 놓은 후 박음질로 연결해요. 시접
은 가름솔 처리해요.

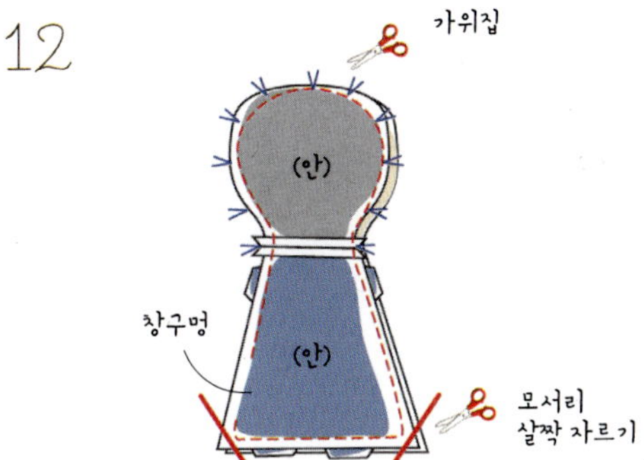

12

앞면과 뒷면을 (겉)끼리 마주 닿게 포개어 놓은 후 창구멍을 남기고 박음질해요(팔과 다리는 안쪽으로 잘 접어놓고 바느질해요). 박음질 후 곡선 부분의 시접은 조금 잘라낸 후 시접 부위에 가위집을 주고 창구멍을 통해 겉면으로 뒤집어요.

13

창구멍을 통해 겸자로 솜을 골고루 채워 넣고 팔과 다리에도 창구멍을 통해 솜을 넣어요. 창구멍은 공그르기로 깔끔하게 마무리해요.

클로이와
에이미

작품보기 p.034

준비물
- 인형 몸통·팔·
  다리용 아이보리색
  무지 원단 35×80cm
- 옷용 퀼트면 원단
- 머리카락용 리본
  테이프(폭 4.5cm) 1.1m
- 목둘레 장식 리본
  15cm
- 비즈·단추·구슬·
  펠트지 약간
- 방울솜 120g

〈인형 만들기〉

1

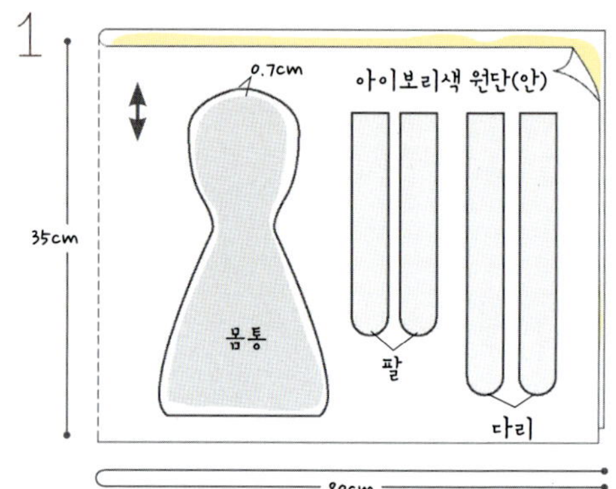

아이보리색 원단에 인형 몸통과 팔, 다리 도안을 대고 바느질 선을 그린 후 시접 0.7cm을 주고 재단해요.

2

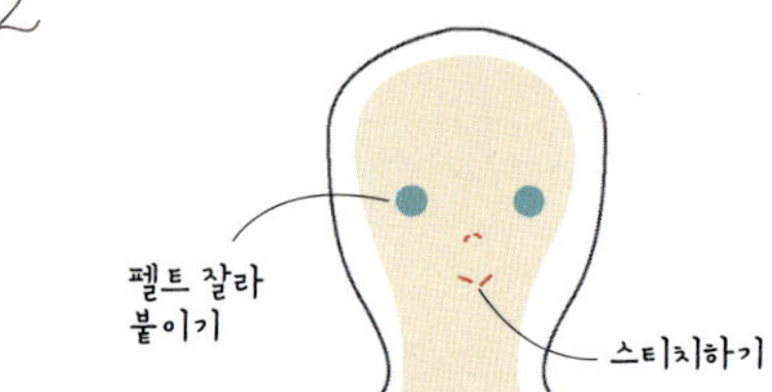

얼굴 앞면에 눈과 코, 입을 펠트나 단추로 표현하거나 스티치로 표현 해요.

3

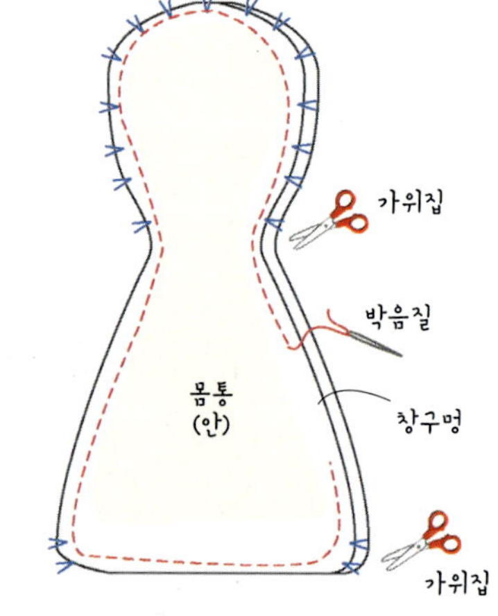

몸통 원단 2장을 겉면끼리 마주 닿게 포개어 놓고 창구멍을 제외한 부분을 박음질로 연결해요. 곡선의 시접 부분에 가위집을 넣은 후 창구멍으로 겉이 나오도록 뒤집어요.

4

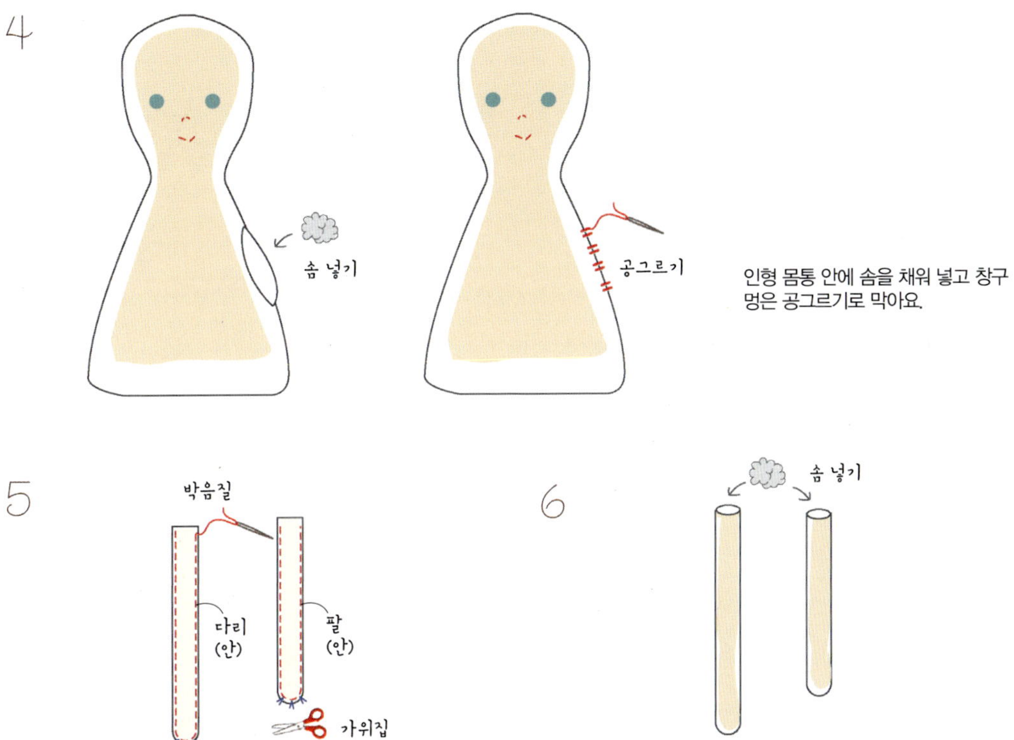

인형 몸통 안에 솜을 채워 넣고 창구멍은 공그르기로 막아요.

5

팔과 다리 원단은 각각 2장씩 겉면끼리 닿게 포개어 박음질해요. 곡선 부분 시접을 조금 잘라내고 가위집을 넣어 뒤집어요. 이때 경자를 사용하면 편리해요.

6

팔, 다리 속에 솜을 채워 넣어요. 같은 방법으로 각각 1개씩 더 만들어요.

7

팔의 창구멍은 공그르기한 후, 양 끝을 바늘로 동시에 통과시켜 실을 잡아당겨 동그랗게 만들어요.

8

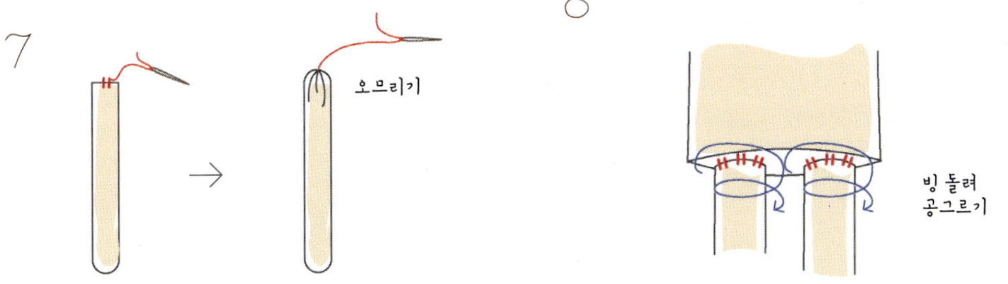

다리를 몸통 아래에 놓고 공그르기해요. 다리 주변으로 빙 둘러가며 앞, 뒤로 꼼꼼히 연결해요.

9

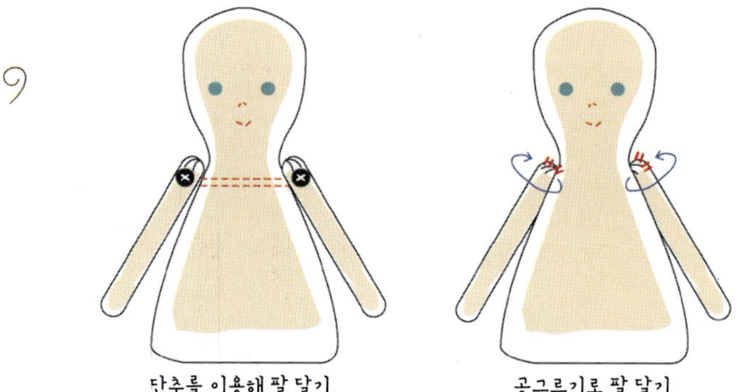

단추를 이용해 팔 달기   공그르기로 팔 달기

팔은 단추를 이용해 달거나 공그르기로 몸통과 연결해요. 이때 긴 바늘을 이용하면 좋아요.

10

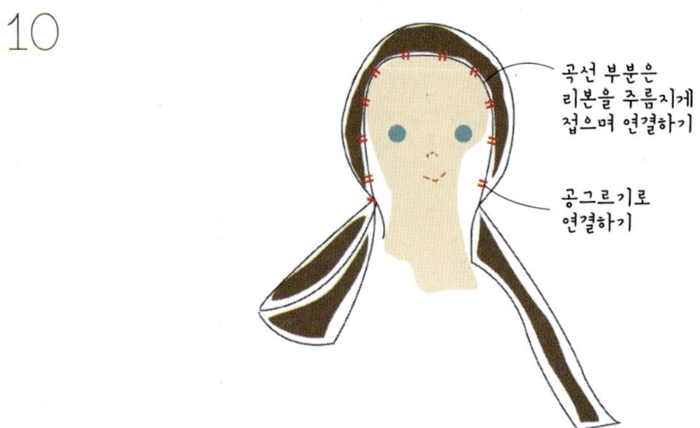

머리카락으로 사용할 리본 테이프의 가운데 부분을 머리 중앙에 오게 올려놓고 공그르기로 얼굴과 리본을 연결해요. 곡선 부분은 리본을 주름지게 접어가며 바느질해요. (머리 아래로 내려온 리본 테이프는 적당한 길이로 접어 올려 머리 모양을 만들어요.)

11

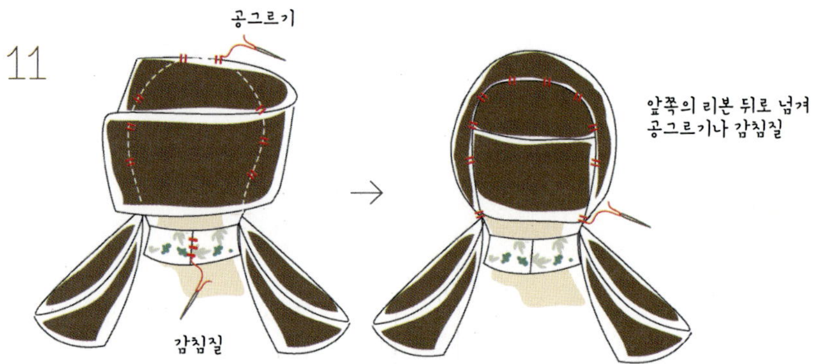

뒷머리 부분은 리본 테이프를 가로 방향이나 세로 방향으로 놓고 공그르기로 연결한 후 튀어나온 리본을 머리 모양에 맞게 잘라요. 그런 다음 앞쪽의 리본을 뒤로 조금 넘겨 공그르기나 감침질해요.

1

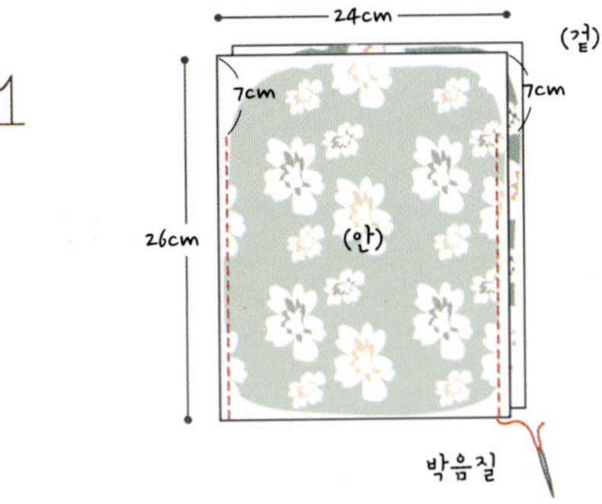

인형 옷 도안을 원단 안쪽에 대고 바느질 선을 따라 그린 후 시접을 사방으로 0.7cm 주고 재단해요. 원단 2장을 겉면끼리 마주 닿게 포갠 후 위쪽 7cm를 제외한 나머지 옆선을 박음질해요.

2

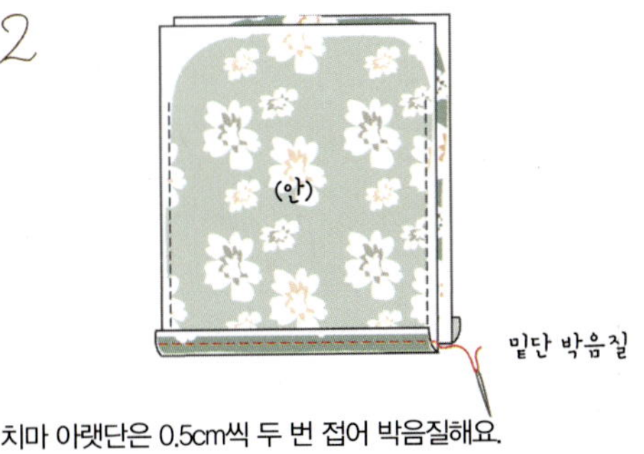

치마 아랫단은 0.5cm씩 두 번 접어 박음질해요.

3

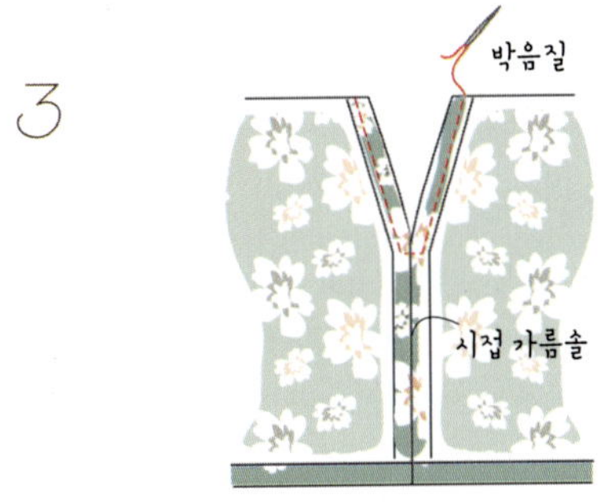

옆선 시접은 가름솔 처리하고 바느질되지 않은 7cm 부분의 시접을 그림처럼 박음질로 정리해요.

4

원단의 위쪽 단은 1cm 폭으로 두 번 접어 내린 후 박음질해요.

5

얇은 끈이나 리본 등을 위쪽 단 사이에 넣어 살짝 잡아당겨 리본으로 묶어 고정해요. 원피스 중앙에 비즈나 단추를 달아 장식해요.

파스텔 코끼리

작품보기 p.038

준비물

- 린넨 원단(몸통·팔·
  다리·귀용)
- 체크무늬 퀼트면 원단
  (손바닥·발바닥·귀용)
- 단추(팔 연결용) 4개
- 방울 폼폰(지름 1cm)
- 방울솜 200g
- 코끼리 스커트용 망사
  샤 원단 65×10cm,
  64×14cm
- 리본 테이프(폭
  1~1.2cm) 45cm
- 코끼리 원피스용 퀼트
  면 원단

1

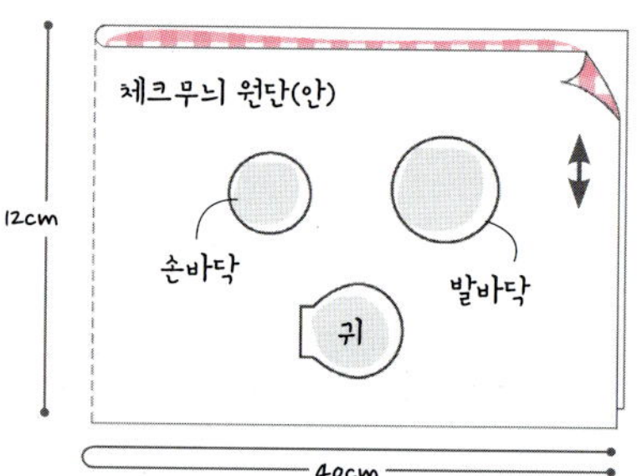

린넨 원단과 체크무늬 퀼트 면 원단에 각각의 도안을 대고 바느질 선을 그려요.
시접을 0.7cm 정도 주고 재단해요.

2

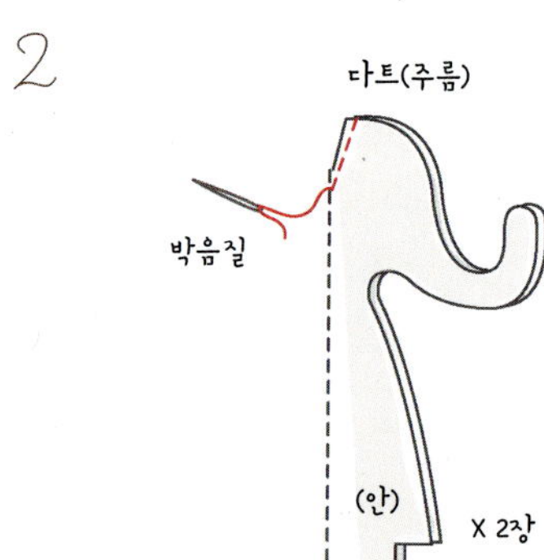

코끼리 몸통은 다트 부분을 기준으로 반 포개
접어 겉면끼리 닿도록 해요. 다트 부분은 박
음질로 연결해요. 같은 방법으로 1장을 더 준
비해요.

3

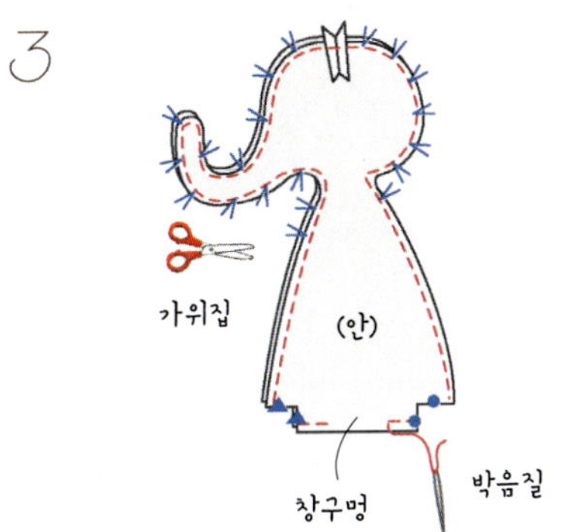

몸통 원단 2장을 겉면끼리 마주 닿게 포갠 후 바닥 옆 부분과 창구멍을 남긴 나머지 부분을 박음질로 연결해요. 곡선 부분은 시접을 조금 자른 후 가위집을 내요.

4

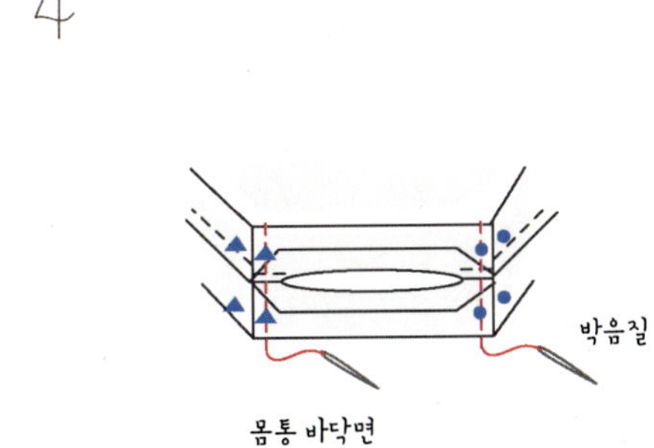

바닥면의 시접을 가름솔로 벌린 후 박음질로 양옆을 연결해요.

5

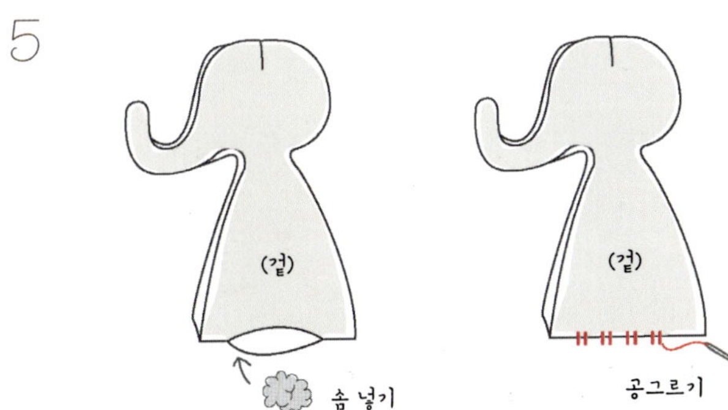

창구멍을 통해 겉면이 나오게 뒤집은 다음 솜을 넣고 공그르기로 막아요.

6

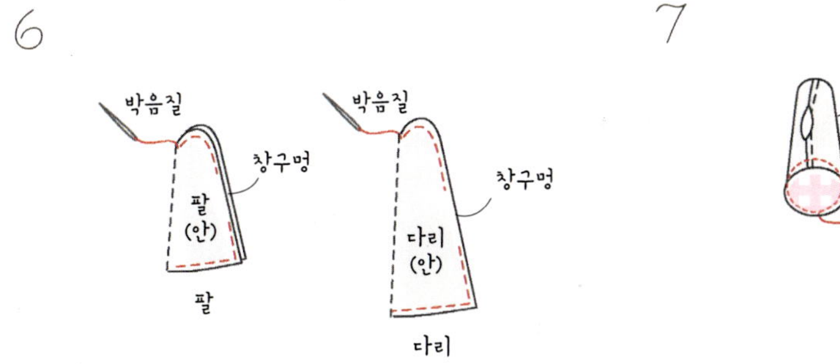

팔과 다리는 안쪽 면이 위로 올라오게 반 접고 창구멍을 제외한 나머지 부분을 박음질로 연결해요.

7

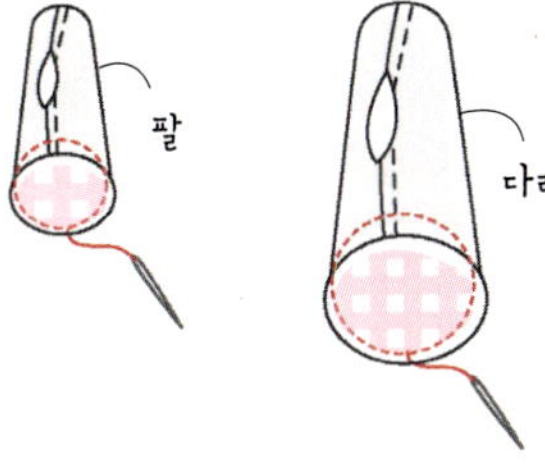

팔과 다리의 옆선 시접을 가름솔로 벌린 후 손바닥과 발바닥을 박음질로 연결해요. 같은 방법으로 1개씩 더 만들어요. (바늘땀을 작게 박음질해 튼튼하게 연결해요.)

8

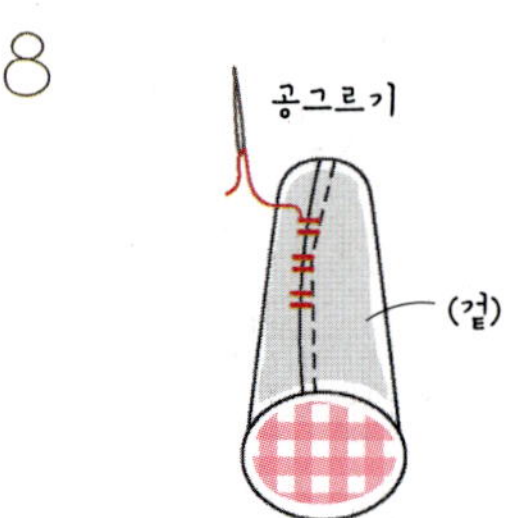

팔, 다리는 창구멍으로 뒤집어 겉면이 나오게
한 후 솜을 채워넣어요. 창구멍은 공그르기로
막아요.

9

팔과 다리는 몸통의 적당한 위치에 놓고 단추
와 함께 긴 바늘이 몸통을 2~3회 통과하도록
꿰매 달아요. (실과 바늘이 몸통을 좌, 우로 통과
하도록 꿰매야 팔, 다리를 움직일 수 있어요.)

10

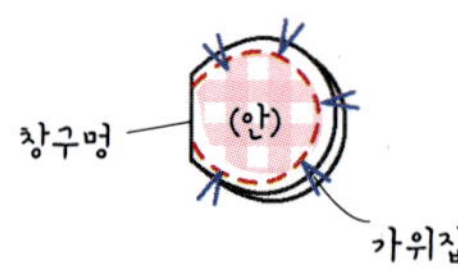

린넨 원단과 체크무늬 원단으로 재단한 귀 2
장씩을 겉면끼리 마주 닿게 포갠 후 창구멍을
제외하고 박음질해요. 곡선 부분에는 가위집
을 내요.

11

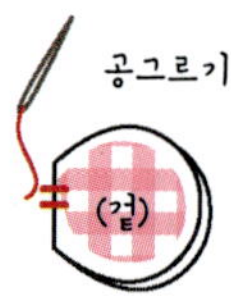

겉으로 뒤집은 후 창구멍을 공그르기로 막아요.

12

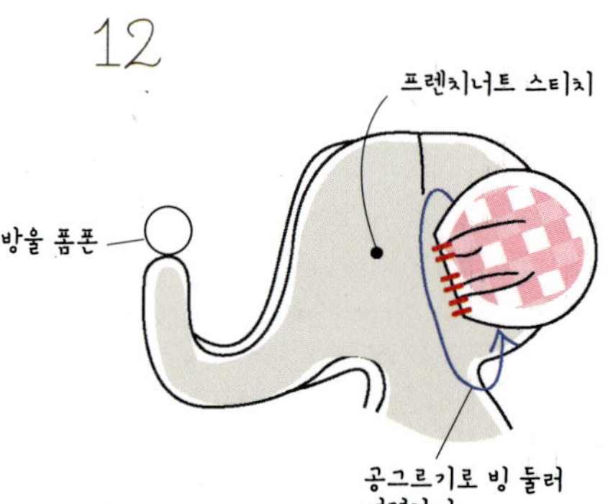

코끼리 얼굴 옆에 귀를 놓고 앞, 뒤로 빙 돌아가
며 공그르기로 연결해요. 방울 폼폰은 실로 꿰
매 고정하고 코끼리 눈은 프렌치너트 스티치로
표현해요. (방울 폼폰은 글루건을 이용해 붙이고
눈은 피그마 펜으로 작게 그리면 더 간편해요.)

1

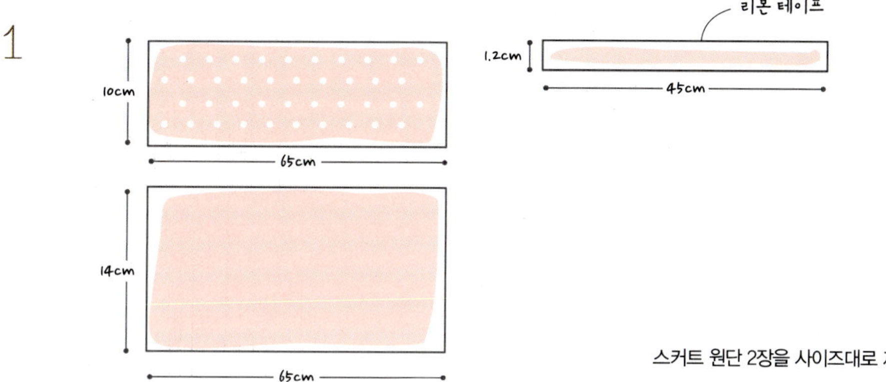

스커트 원단 2장을 사이즈대로 재단해요.

2

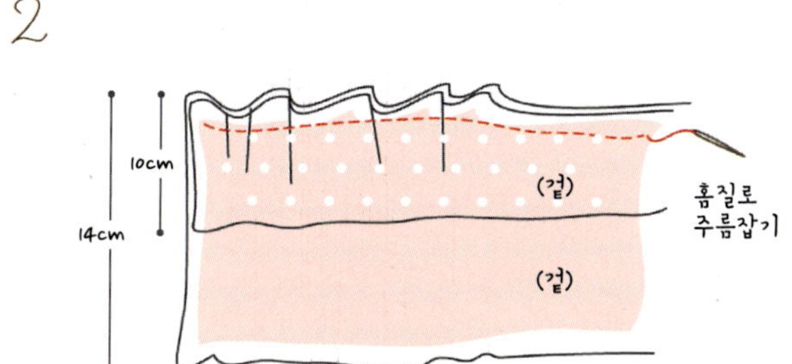

세로 14cm인 원단 위에 10cm인 원단을 놓고 윗 부분을 홈질해 주름을 잡아요. 가로 길이를 총 25cm로 맞춰요.

3

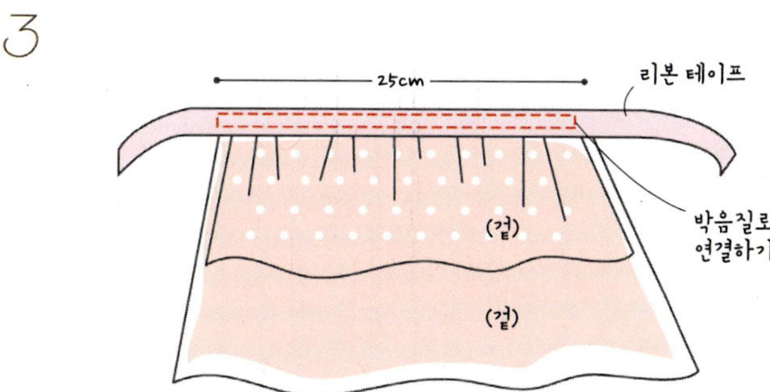

주름 25cm 위에 리본 테이프를 올린 후 박음질 로 연결해요.

1

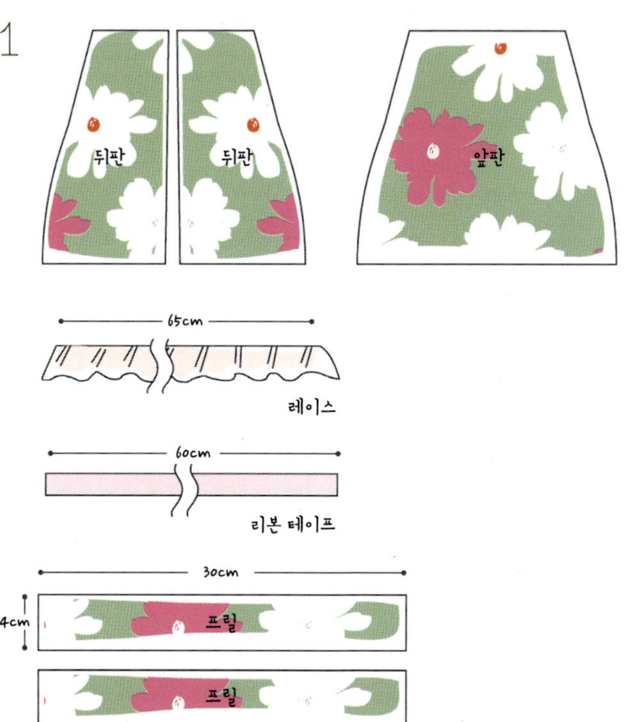

원피스 도안을 꽃무늬 원단에 대고 바느질 선을 그린 후 0.7cm 시접을 주고 재단해요.

2

3

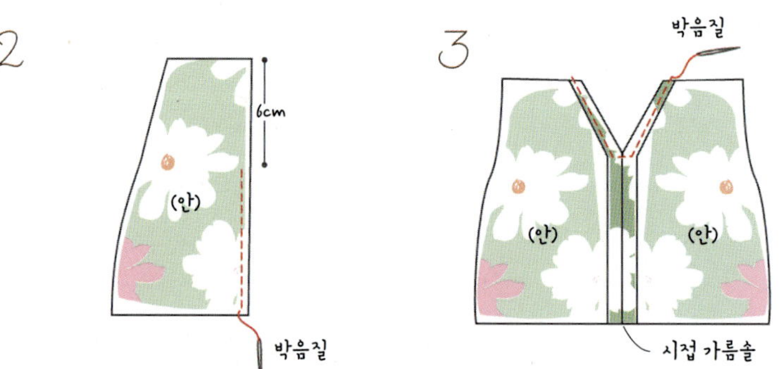

원피스 뒤판 2장을 겉면끼리 마주 닿게 포개어 놓고 위에서 6cm 내려온 지점부터 스커트 아래까지 박음질해요.

시접을 가름솔로 처리한 후 바느질되지 않은 부분을 안으로 접어 박음질해요.

4

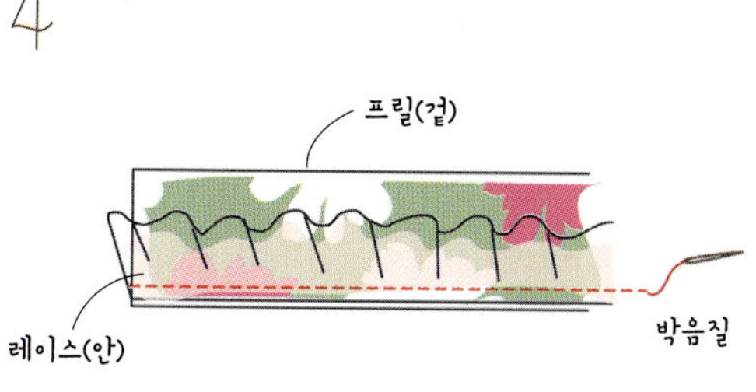

프릴 원단 겉면에 레이스를 거꾸로 뒤집어 올려 아랫단을 박음
질로 연결해요.

5

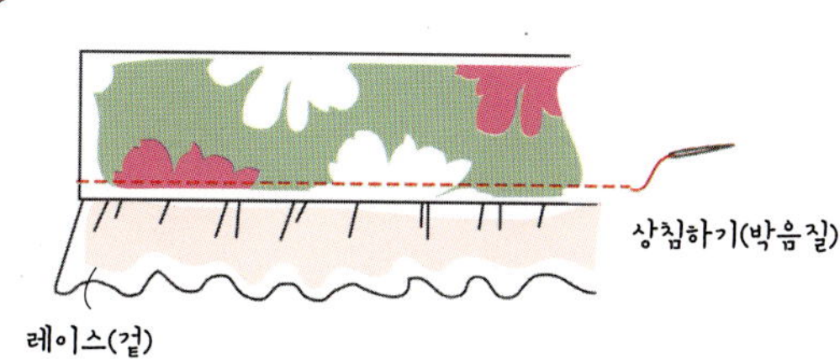

프릴 원단 시접을 뒤쪽 방향으로 접어 올리고 앞면 레이스 위에
서 다시 한 번 상침 바느질해요.

6

원피스 앞판과 뒤판 원단에 프릴 단을 거꾸로 뒤집어 올려 주름
을 잡아가며 박음질해요.

7

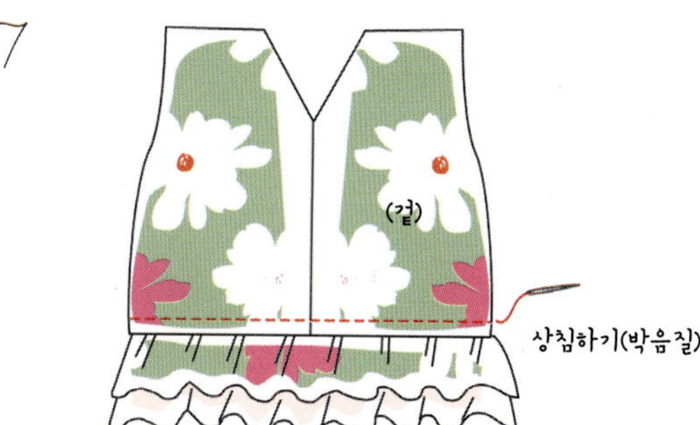

프릴 단을 내리고 원피스 원단의 시접을 뒤쪽으로 접어 올려 겉
면에서 상침 바느질해요.

8

원피스 앞판과 뒤판을 겉면끼리 마주 닿
게 포갠 후 옆선을 박음질해요.

9

윗부분의 시접 0.7cm는 안쪽으로 접어
박음질해요.

10

원피스를 겉으로 뒤집고 가슴 윗부분에
리본 테이프를 박음질해요. 앞판에서 뒤
판 트임 전까지 연결해요. 코끼리에게 옷
을 입히고 리본으로 묶어 고정해요.

인어공주와 친구들

〈인어공주 만들기〉

1

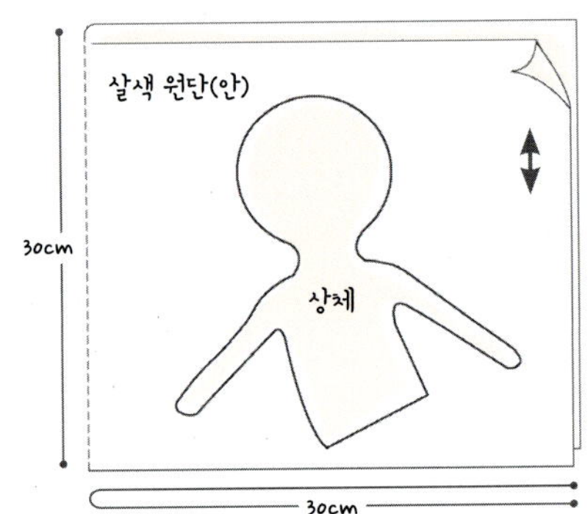

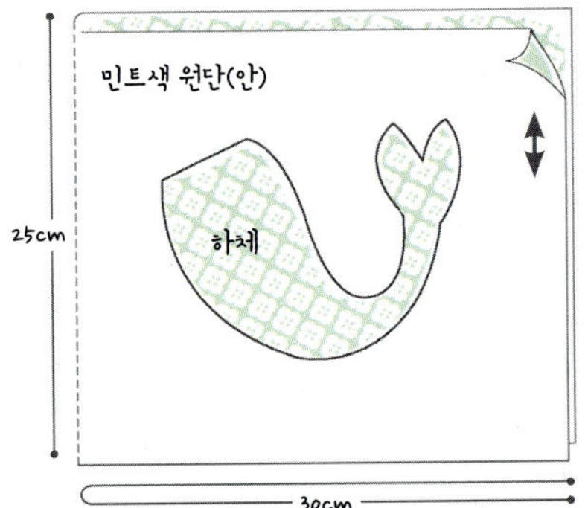

원단 안쪽 면에 도안을 대고 바느질 선을 그린 후 시접 0.7cm를 준 채 재단해요.

2

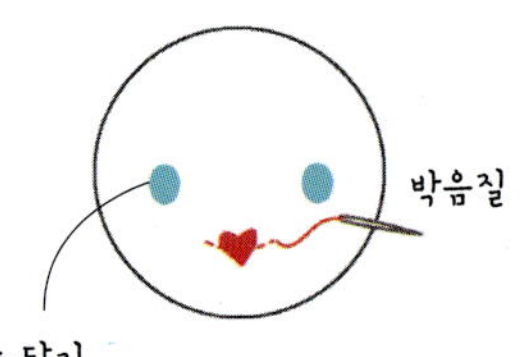

얼굴 앞면에 비즈나 단추를 꿰매 눈을 표현하고 입은 박음질로 표현해요.

3

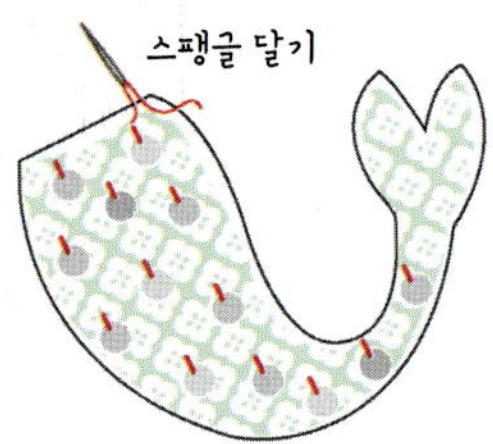

하체 부분의 원단 앞면에 원형 스팽글을 꿰매 달아요.

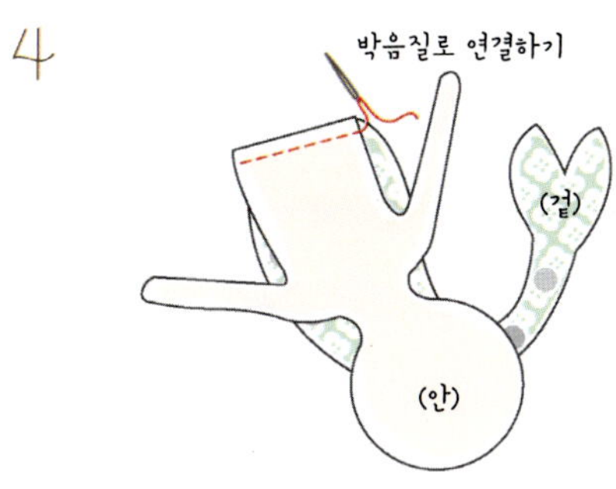

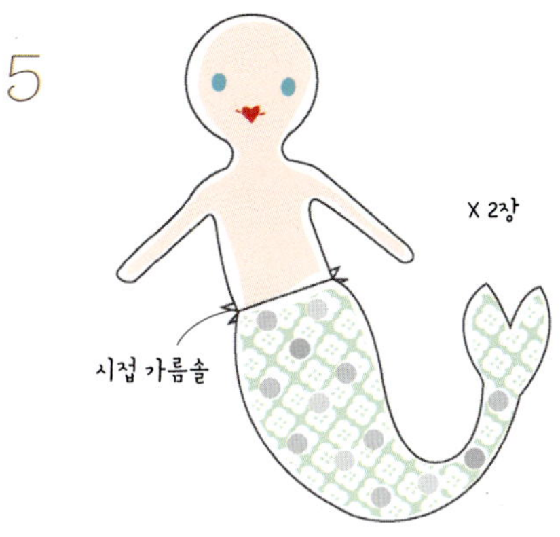

상체 원단 겉면을 하체 원단 겉면과 닿도록 거꾸로 포개어 놓고 허리 부분을 박음질로 연결해요.

뒤쪽 시접은 가름솔로 처리해요. 같은 방법으로 몸통을 1개 더 만들어요.

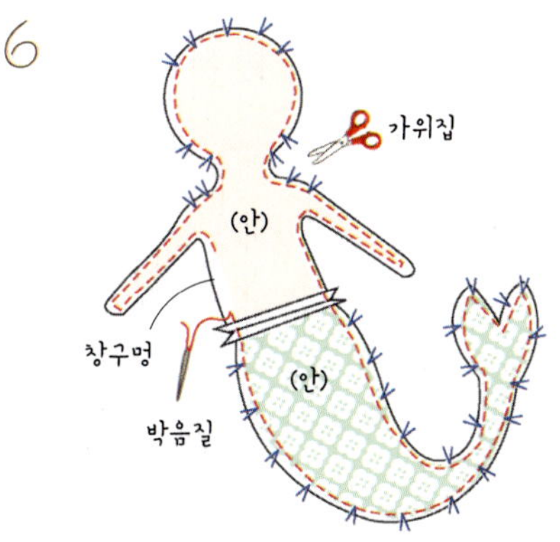

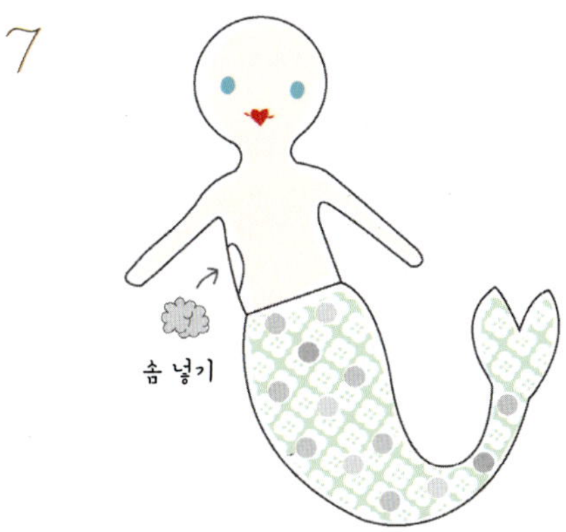

몸통 원단 2장을 겉면끼리 마주 닿게 포개어 놓고 창구멍을 제외한 나머지 부분을 박음질해요. 곡선 부분의 시접은 조금 잘라 낸 후 가위집을 내요.

창구멍으로 뒤집어 속에 솜을 채워 넣고 창구멍은 공그르기로 막아요.

털실을 50~60cm 길이로 20바퀴 정도 두꺼운 종이에 감아 머리 위에 놓고 길이의 6:4 정도 되는 지점을 인형 머리에 놓고 박음질로 연결해요. 양쪽 귀 옆도 박음질로 고정해요.

9

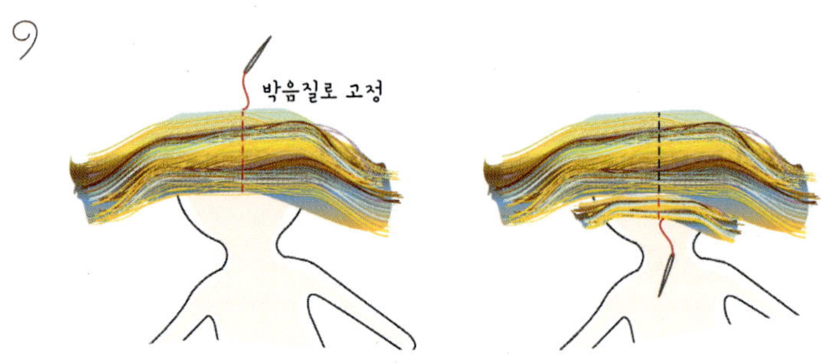

털실을 50~60cm 길이로 다시 한 번 종이에 적당히 감은 후 머리 뒷부분에 놓고 가운데를 박음질로 연결해요.

10

머리카락이 비는 곳은 감은 털실의 가운데 밑을 잘라 박음질로 연결해요. (비는 부분을 잘 채워야 머리카락이 풍성해 보여요.)

11

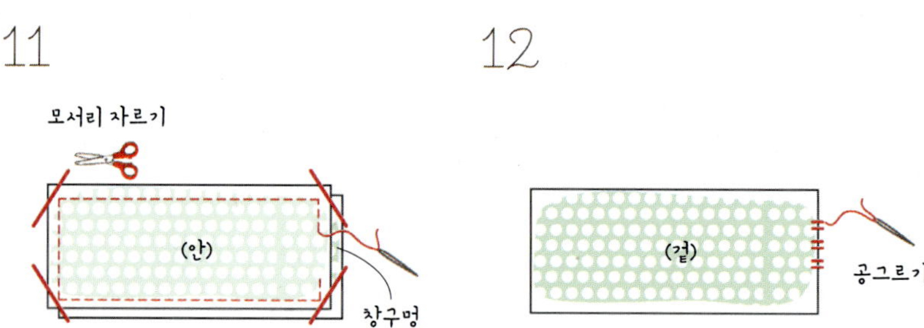

비키니 원단 2장을 겉면끼리 마주 닿게 포개고 창구멍을 제외한 부분을 박음질해요. 모서리 부분 시접을 약간 잘라내요.

12

겉으로 뒤집은 다음 창구멍은 공그르기로 막아요.

13

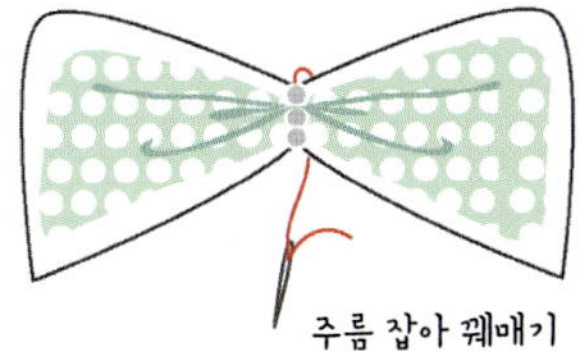

실에 진주 구슬을 몇 개 꿴 후 원단 중앙에 꽂고 주름을 잡으
며 꿰매요.

14

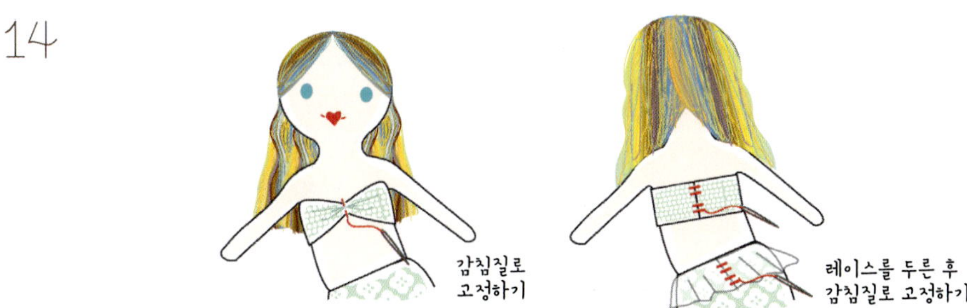

비키니 원단을 감침질로 고정하고 뒷면으로 돌려요. 비키니 원단을 여민 후 인형 원단과 감침질로 연결해요.
인어공주의 허리 부분에 레이스를 두르고 뒷면에서 감침질로 고정해요.

〈플랜더스 만들기〉

1

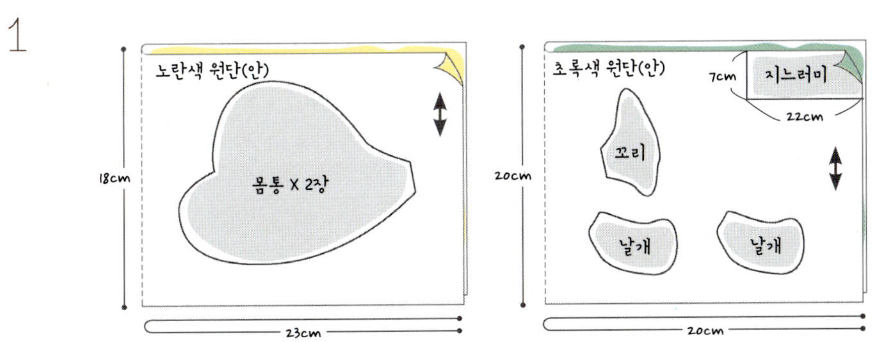

두 가지 색 폴라폴리스 원단을 겉면끼리 마주 닿도록 각각 포개 접고 안쪽 면에 도안대로 바느질 선을 그려 시접 0.7cm를 주고 재단해
요. 몸통 원단은 2장을 준비해요.

글루건으로 무빙 아이를 몸통 앞면에 붙이고
입은 백 스티치(박음질)로 표현해요.

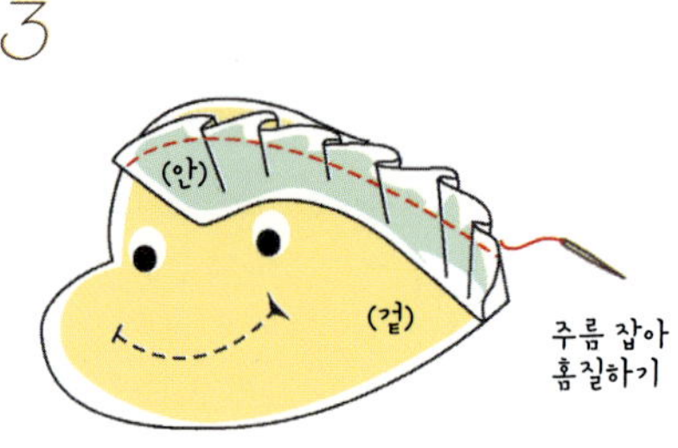

지느러미 겉면이 몸통 겉면과 포개지도록 뒤집
어 놓고 주름을 잡아가며 홈질로 연결해요.

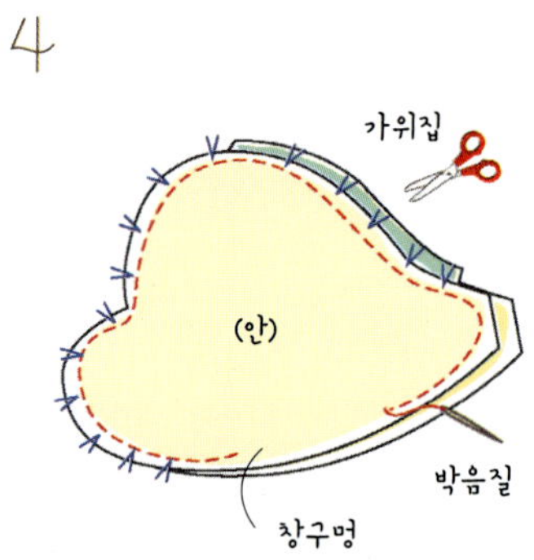

몸통 원단 2장을 겉면끼리 마주 닿게 포개어 놓
고 창구멍을 제외한 부분을 박음질해요. 곡선
부분 시접에는 가위집을 넣어요.(지느러미쪽 시
접은 최대한 바짝 잘라내세요.)

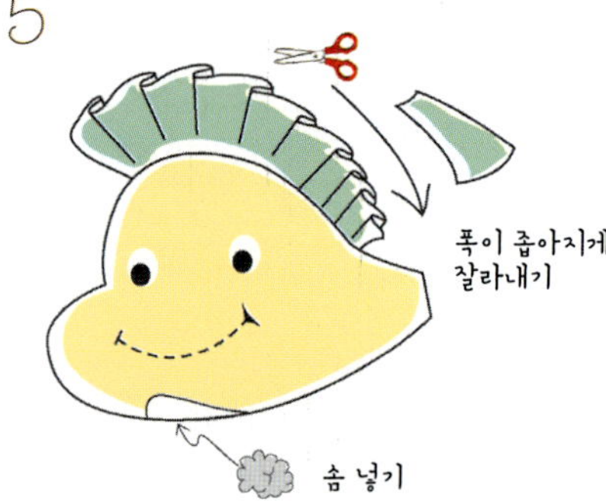

겉으로 뒤집어 창구멍 속에 솜을 적당히 넣어
요. 지느러미는 꼬리 쪽으로 갈수록 좁아지게
잘라내요.

공그르기로 창구멍을 막아요.

7

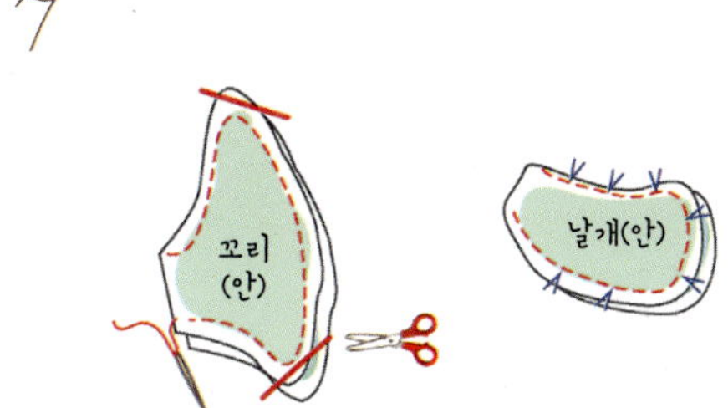

꼬리와 날개 원단은 2장씩 겉면끼리 닿도록 포갠 후 창구멍을 남기고 박음질해요. 곡선 부분의 시접을 조금 잘라내고 가위집을 넣어요.

8

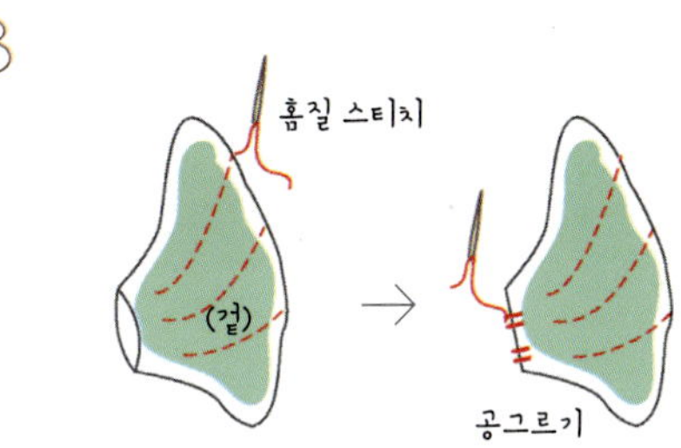

꼬리를 겉으로 뒤집어 홈질 스티치 3줄을 넣어요.(창구멍 쪽에서 1cm 떨어진 지점부터 홈질을 시작해요) 무늬를 낸 후 창구멍을 공그르기로 막아요.

9

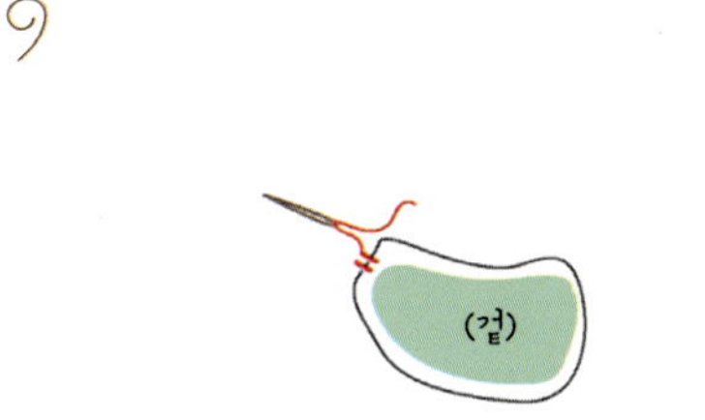

날개 원단도 공그르기로 창구멍을 막아요.(꼬리와 날개 부부에는 따로 솜을 넣지 않아요.)

10

꼬리와 날개를 몸통에 놓고 공그르기로 연결해요.

<세바스찬 만들기>

1

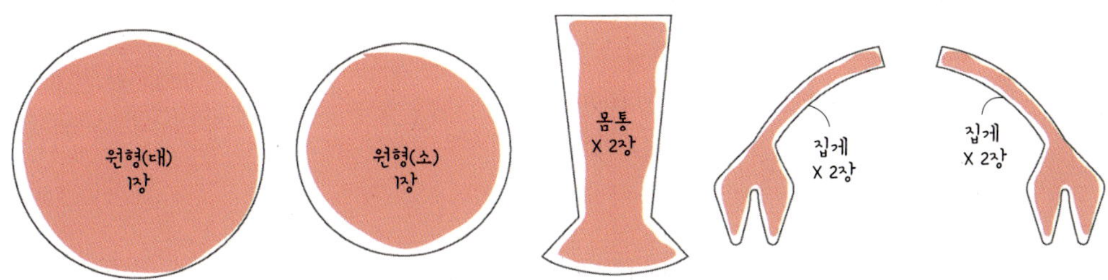

원단에 도안을 대고 바느질 선을 그린 후 시접 0.7cm를 주고 재단해요. 집게와 몸통 원단은 2장씩 그려 준비해요.

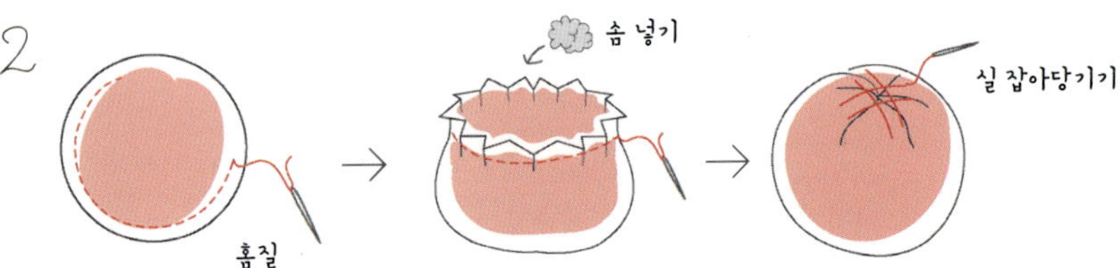

원형 원단 2장은 가장자리를 각각 홈질하며 실을 잡아당겨 주머니 모양으로 만들어요.
속에 솜을 채워 넣고 시접을 밀어 넣은 후 지그재그로 실을 당겨 고정해요.

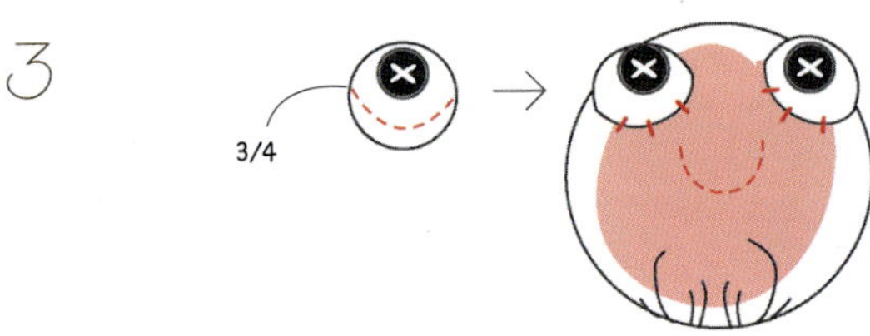

방울 폼폰 가운데에 단추를 단 후 원형 원단(대)에 공그르기로 연결해요. (방울 폼폰의 3/4 되는 지점을
얼굴과 연결해야 눈 모양이 예뻐요.)

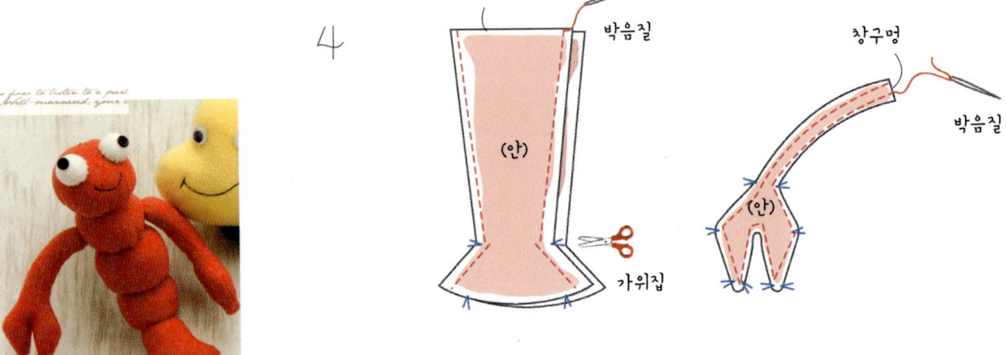

집게와 몸통 원단은 각각 겉면끼리 마주 닿게 포개어 박음질로 연결해요. 시접 부분에 가위집을 넣
은 후 겉면으로 뒤집어요.

5

몸통 원단 속에 솜을 채워 넣어요.

6

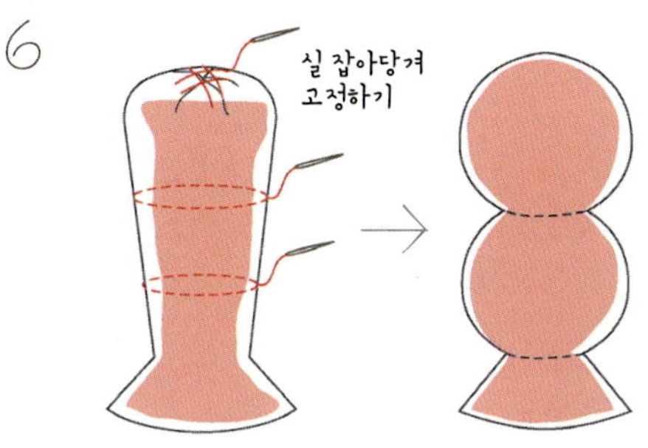

창구멍 입구를 홈질하며 실을 잡아 당겨 지그재그로 고정하고,
몸통을 3등분하는 지점 두 군데를 정해 그 부분을 홈질하며 실을
잡아 당겨 잘록하게 만들어요.

7

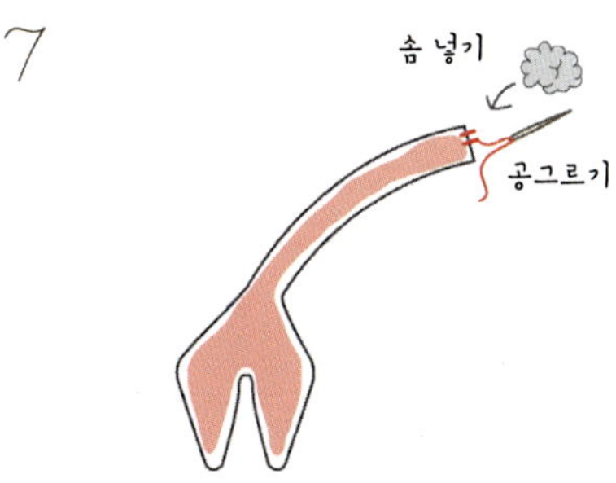

집게 부분에 솜을 채워 넣고 창구멍은 공그르기로 막아요.

8

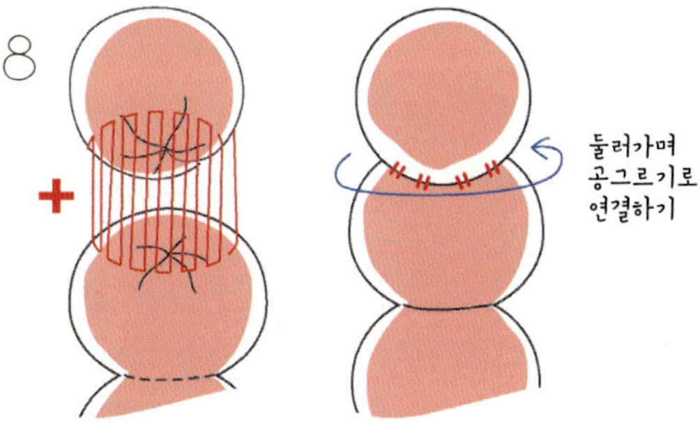

몸통과 원형(소)를 공그르기로 연결해요.

9

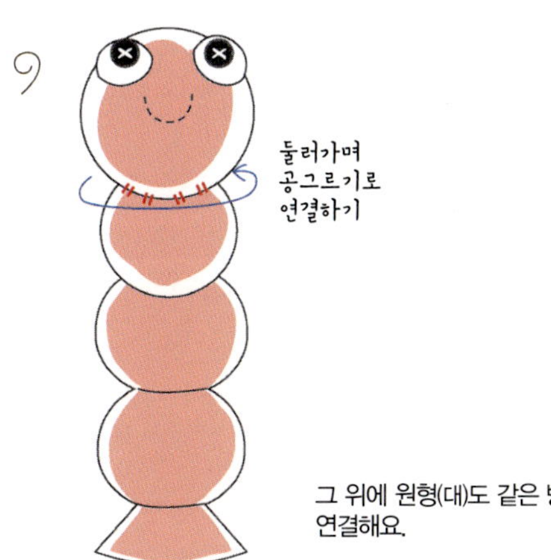

그 위에 원형(대)도 같은 방법으로
연결해요.

10

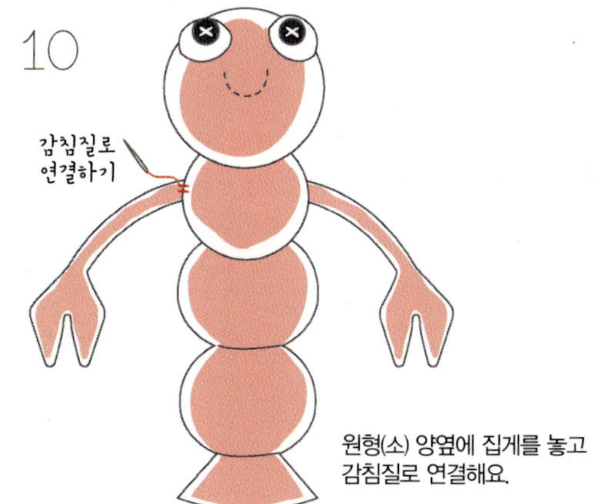

원형(소) 양옆에 집게를 놓고
감침질로 연결해요.

푸우와 친구들

<티거 만들기>

1\. 주황색 몸통 2장, 하얀색 얼굴 1장, 핑크색 코 1장, 검정색 입 1장, 흰색 배 1장을 재단해요.

2\. 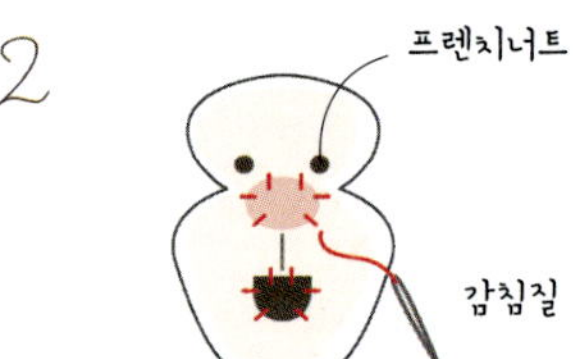

티거의 눈은 프렌치너트 스티치로 표현해요. 핑크색 펠트 코와 검정색 펠트 입을 얼굴에 감침질로 연결해요. (프렌치너트 스티치가 어렵다면 작은 구슬을 꿰매 달거나 피그마 펜으로 눈 모양을 그려요.)

3\. 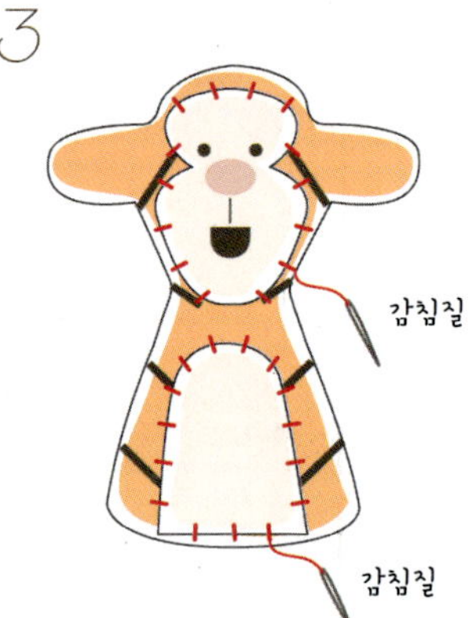

주황색 호랑이 몸통 위에 얼굴과 배(흰색 펠트)을 감침질로 연결하고, 호랑이 몸통에 검정색 실을 길게 한 땀씩 3~4회 떠서 줄무늬를 표현해요. 같은 방법으로 군데군데에 땀을 떠 줄무늬를 표현해요.

4\. 

몸통 펠트 2장을 안쪽 면끼리 겹쳐놓고 버튼홀 스티치로 연결해요.

1 핑크색 얼굴 2장, 진 핑크색 몸통 2장, 진 핑크색 코 1장, 진 핑크색 귀 2장을 재단해요.

2 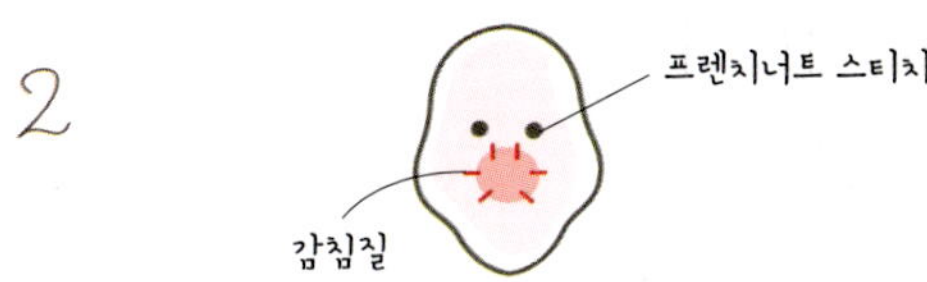

피글렛 얼굴 1장에 눈을 프렌치너트 스티치로 표현하고 코는 감침질로 연결해요.

3 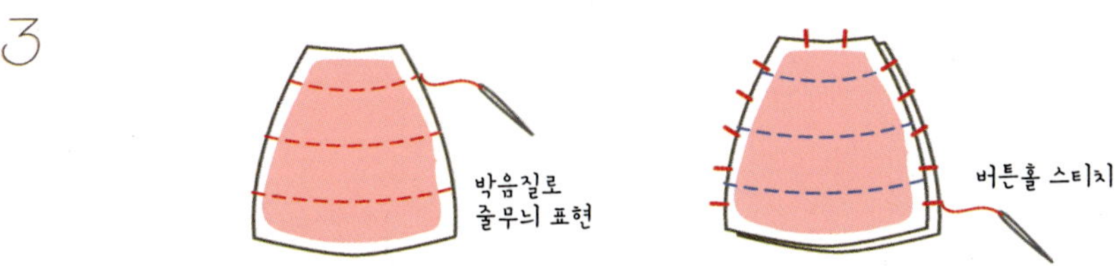

피글렛 몸통 1장의 앞면에 박음질을 해서 줄무늬를 표현해요. 몸통 2장을 안쪽 면끼리 겹쳐 버튼홀 스티치로 연결해요.

4 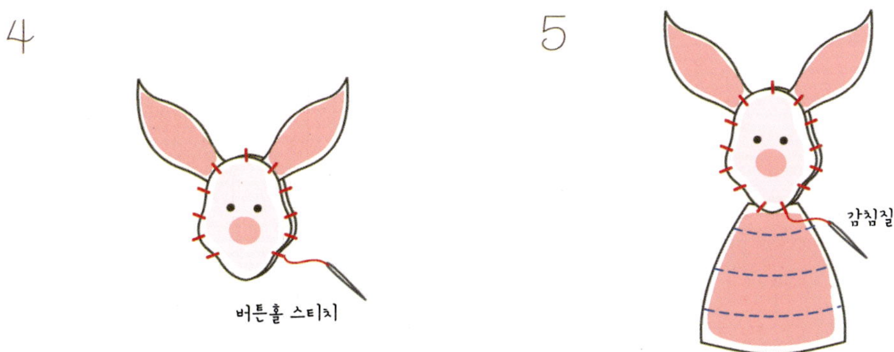

5

얼굴 2장을 안쪽 면끼리 포개어 놓고 버튼홀 스티치로 연결해요. 귀는 적당한 위치에 놓고 끼워박기로 연결해요. (끼워박기가 어려울 때는 한 땀 한 땀 홈질로 연결해요.)

얼굴 아래쪽을 벌려 몸통을 끼워 넣고 감침질로 연결해요.

1   주황색 얼굴 2장, 진주황색 몸통 2장 주황색 입 1장, 검정색 코 1장을 재단해요.

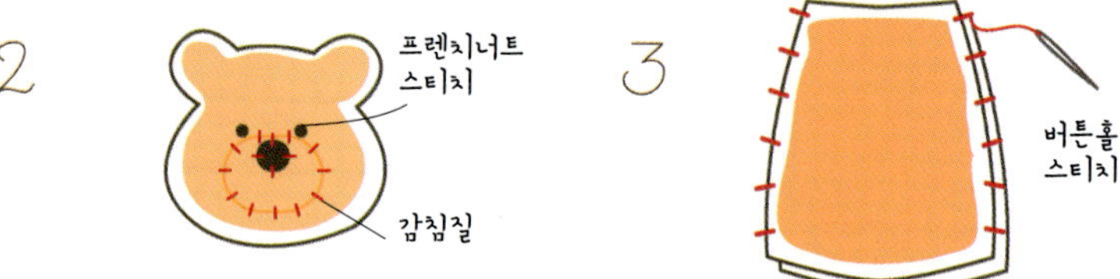

푸우 얼굴 1장에 눈을 프렌치너트 스티치로 표현해요. 코를 주황색 입에 감침질로 연결한 후 다시 얼굴 앞면에 감침질해요.

몸통 2장을 안쪽 면끼리 닿게 겹쳐 놓고 버튼홀 스티치로 연결해요.

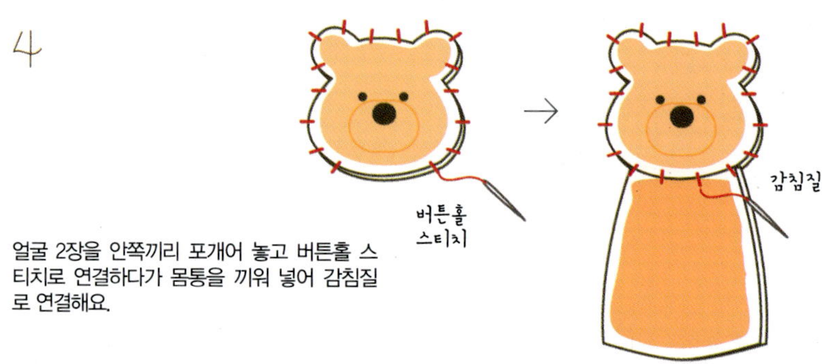

얼굴 2장을 안쪽끼리 포개어 놓고 버튼홀 스티치로 연결하다가 몸통을 끼워 넣어 감침질로 연결해요.

1   하늘색 몸통 2장, 하늘색 귀 2장, 청록색 코 1장, 남색 머리카락 1장을 재단해요.

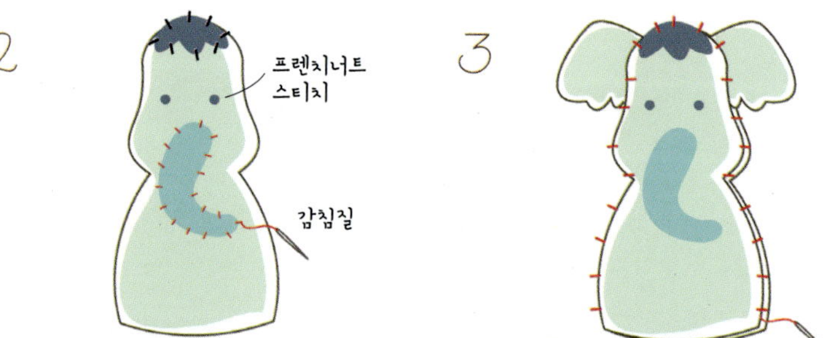

럼피의 얼굴에 눈을 프렌치너트 스티치로 표현해요. 머리카락과 코는 김침질로 연결해요.

럼피의 몸통 2장을 안쪽 면끼리 닿게 놓고 버튼홀 스티치로 연결해요. 귀는 적당한 위치에 놓고 끼워박기로 연결해요.

1 회색 몸통 2장, 회색 귀 2장, 갈색 머리카락 1장, 입 1장을 재단해요.

2 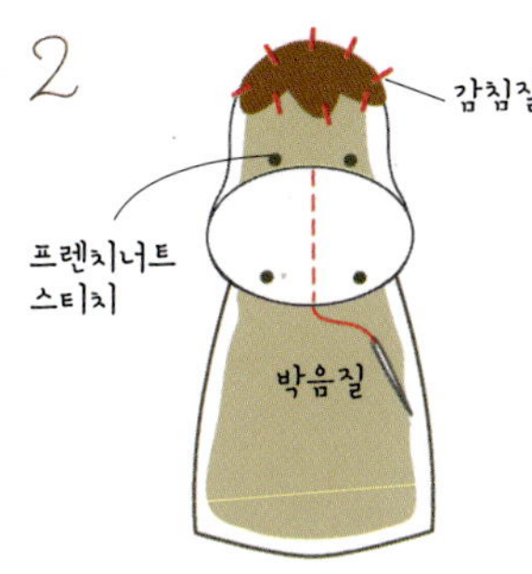

얼굴 1장에 눈을 프렌치너트 스티치로 표현하고, 콧구멍을 프렌치너트 스티치로 표현해요. 그런 다음 입을 얼굴에 올려 박음질해요. 머리카락은 감침질로 연결해요.

3 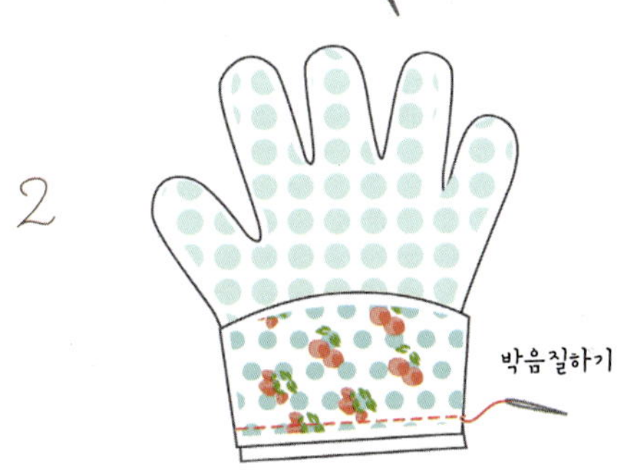

몸통 2장을 안쪽 면끼리 겹쳐놓고 버튼홀 스티치로 연결해요. 이때 귀는 적당한 위치에 놓고 끼워박기로 연결해요.

〈장갑 만들기〉

1 

장갑 주머니용 퀼트 원단에 도안을 대고 바느질 선을 그린 뒤 0.7cm 시접을 주고 재단해요. 먼저 주머니용 원단 2장을 겉면끼리 마주 닿도록 놓고 위, 아래를 박음질로 연결해요. 옆의 트인 부분으로 뒤집어요.

2

장갑용 펠트지에 도안을 대고 선을 그려 재단해요. 펠트지 겉면에 1의 원단을 놓고 아래쪽을 박음질로 연결해요.

3 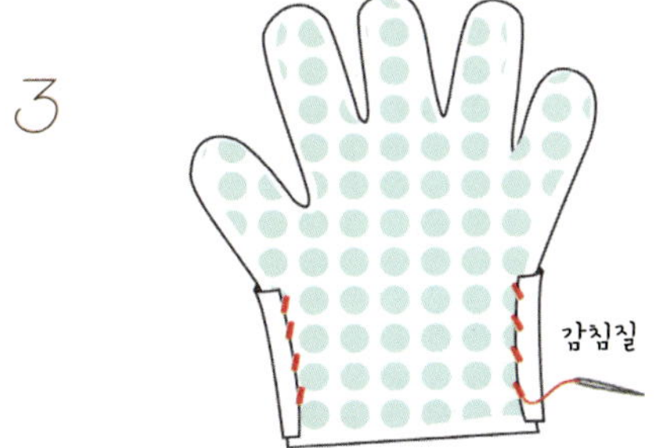

주머니용 원단 여분을 안쪽으로 접어 포갠 뒤 펠트지의 옆 라인과 겹쳐 감침질로 연결해요.

4 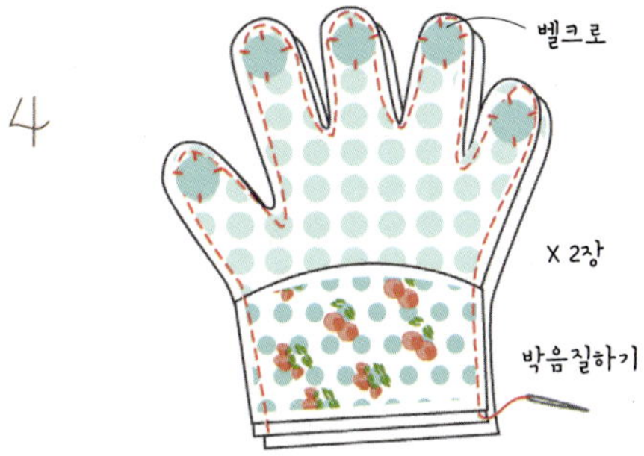

장갑용 펠트지 2장을 안쪽 면끼리 마주 닿게 포개어 놓고 박음질로 연결해요. 원형 찍찍이는 보슬보슬한 면을 장갑의 손끝 부분에, 까슬까슬한 면을 인형 뒷면에 대고 감침질로 연결해요. (감침질 대신 글루건을 이용해 붙여도 괜찮아요.) 같은 방법으로 1장 더 만들어 장갑 한 쌍을 완성해요.

홀쭉이와
뚱뚱이 셰프

<홀쭉이 셰프 만들기>

1

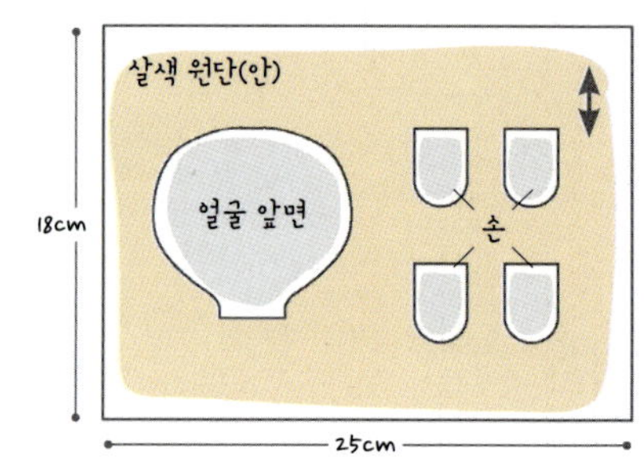

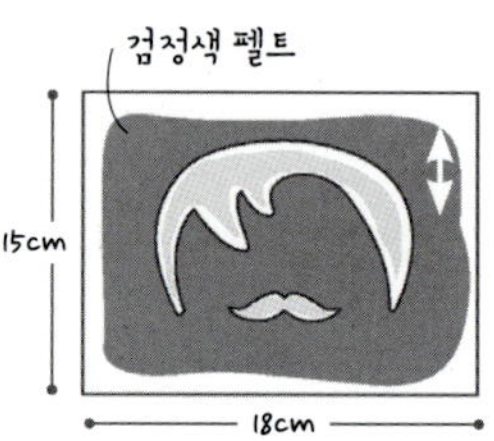

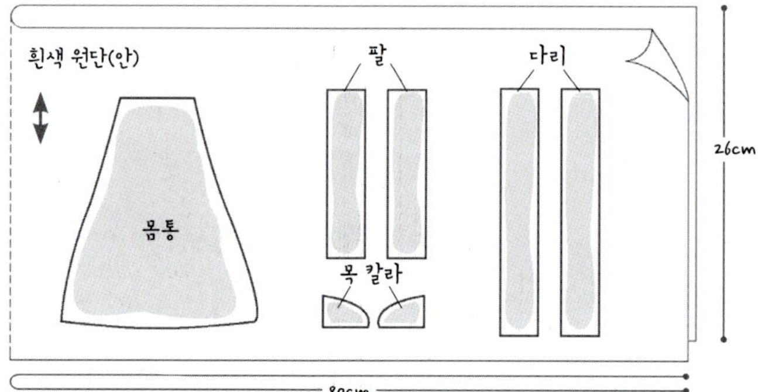

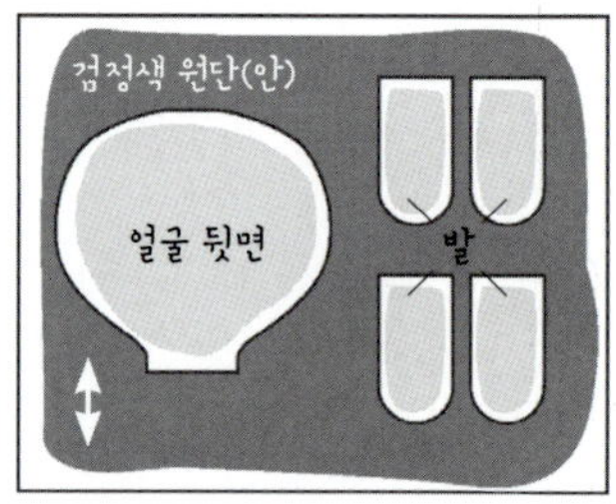

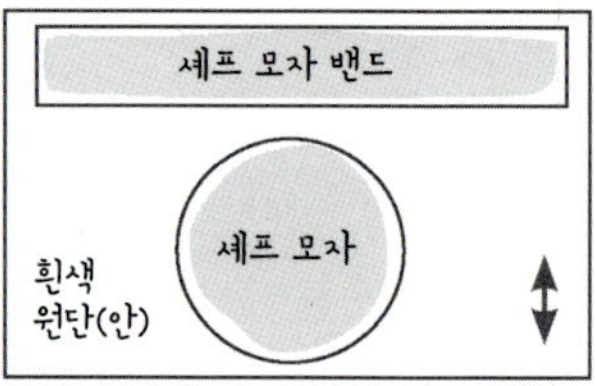

원단 안쪽 면에 도안을 대고 바느질 선을 그려요.
펠트지를 제외하고 모두 0.7cm 시접을 주고 재단해요.(펠트지는 시접 없이 도안대로 재단해요.)

2

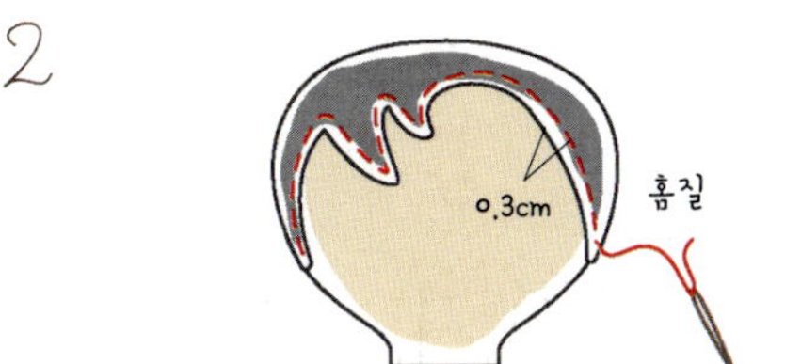

얼굴 앞면 원단에 머리용 검정색 펠트지를 놓은 후 홈질로 연결해요.

3

눈은 새틴 스티치로 표현해요.(스티치가 자신 없다면 펠트를 눈 모양으로 잘라 감침질로 꿰매요.) 콧수염은 홈질로 얼굴 원단과 연결하고 입은 검정색 실로 한 땀 정도를 두 번 반복해서 표현해요.

4

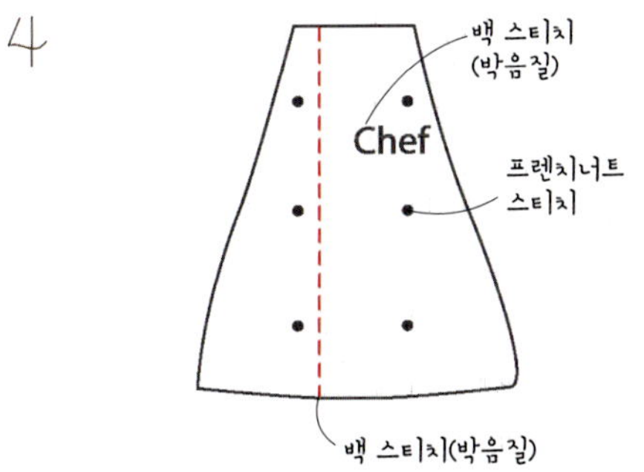

몸통 원단 앞면에 여러 스티치 기법으로 단추와 이니셜을 표현해요. 단추는 프렌치너트 스티치로 표현하는 대신 작은 비즈나 단추를 꿰매어 다는 것으로 표현해도 예뻐요.

5

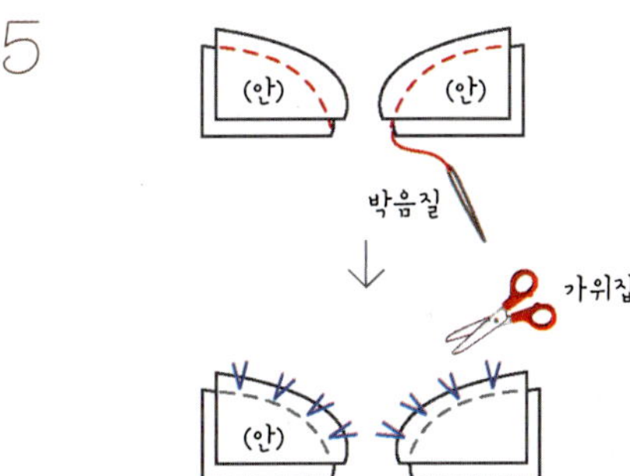

목 칼라는 원단 2장을 겉면끼리 마주 닿게 포갠 후 박음질해요. 시접에 가위집을 낸 후 겉면으로 뒤집어 다림질해요.

6

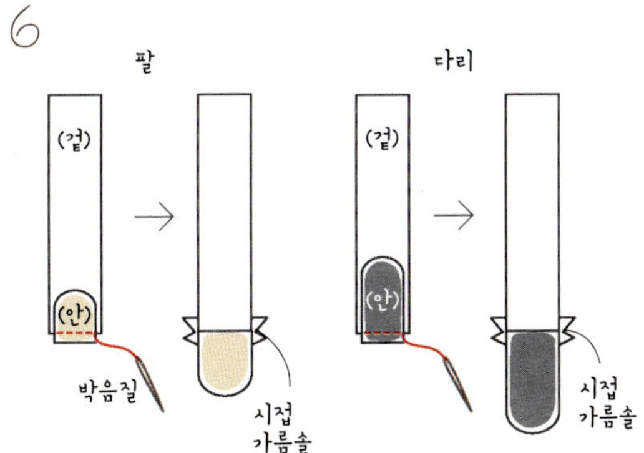

팔, 다리 원단에 손, 발을 겉면끼리 마주 닿게 포개어 놓고 박음질로 연결해요. 시접은 가름솔 처리해요.

7

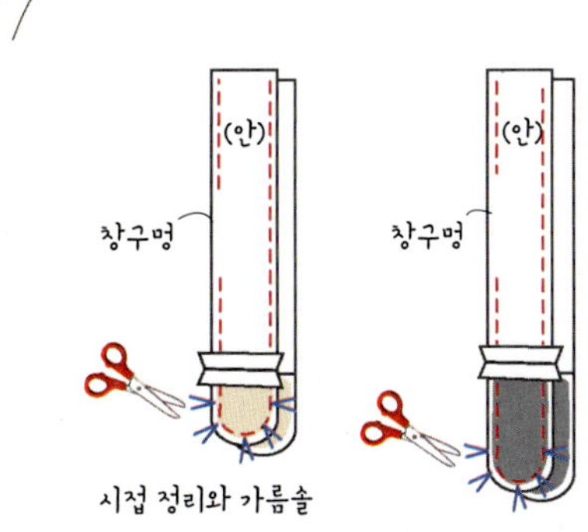

팔과 다리 원단 2장씩을 겉면끼리 마주 닿게 포개어 놓은 후 창구멍을 남기고 박음질해요. 곡선 부분의 시접을 조금 짧게 정리해요. 가위집을 준 후 겉면으로 뒤집어요.

8

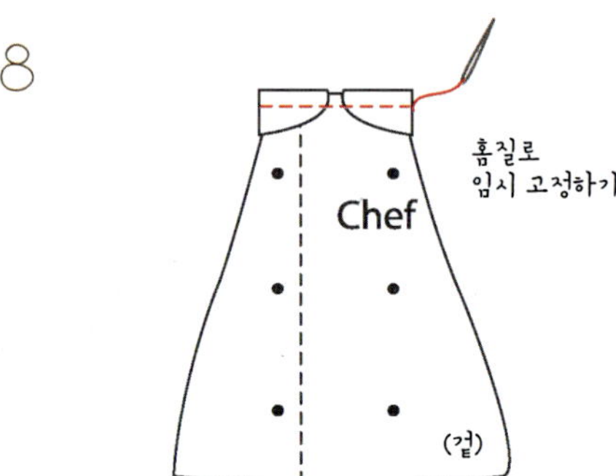

몸통 앞면 원단에 목 칼라를 그림처럼 놓은 후 홈질로 임시 고정해요.

9

8의 원단 위에 얼굴 앞면을 겉면끼리 마주 닿게 포개어 놓은 후 박음질로 연결해요.

10

팔과 다리를 적당한 위치에 놓고 홈질로 임시 고정해요.(팔과 다리의 창구멍이 벌어져 있는 것이 정상
이에요.)

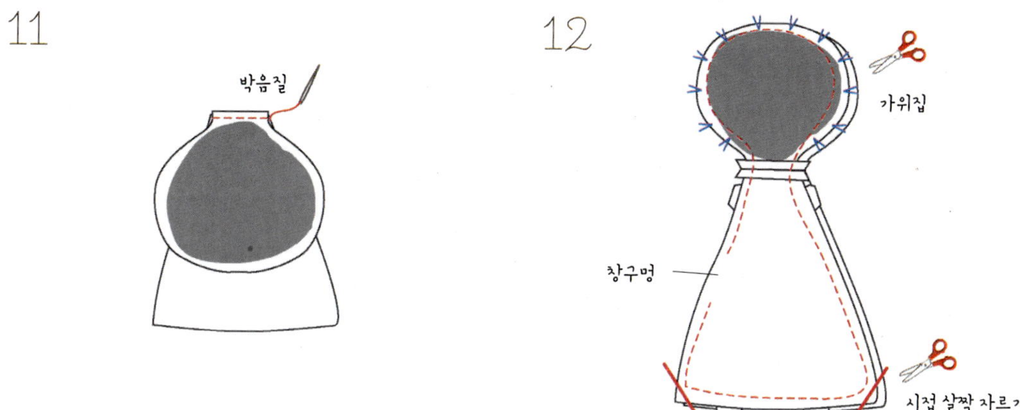

얼굴 뒷면과 몸통 원단 뒷면을 겉면끼리 마주 닿게 포개어 놓은
후 박음질로 연결해요.

팔과 다리를 임시 고정한 원단 위에 11의 원단을 겉면끼리 마주
닿게 포개어 놓은 후 창구멍을 남기고 박음질해요.(이때 팔과 다
리는 안으로 잘 접어놓고 바느질해요). 박음질 후 곡선 부분의 시접
은 조금 잘라낸 후 시접 부위에 가위집을 내요.

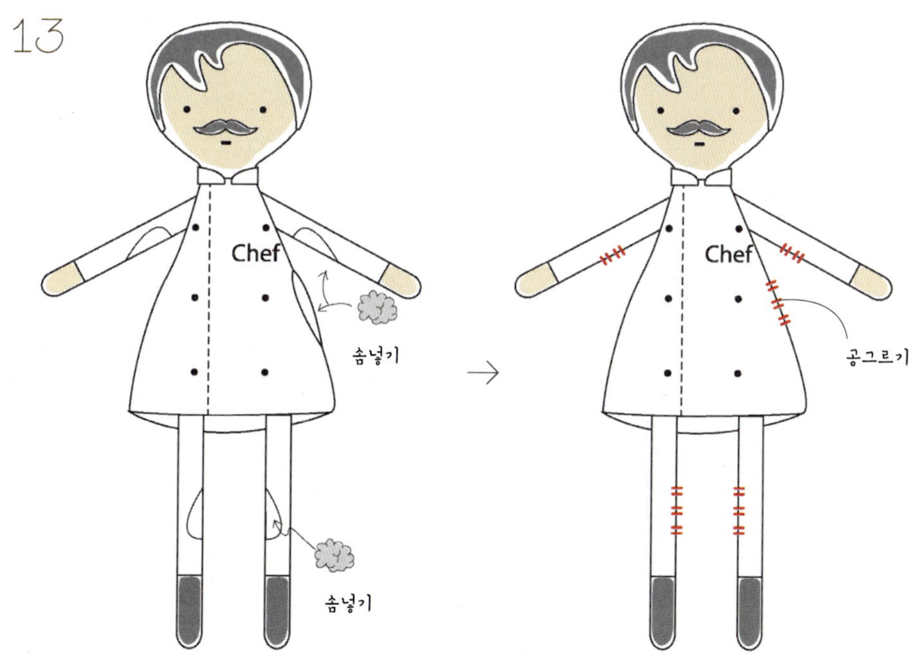

창구멍을 통해 겉면으로 뒤집고, 겸자로 솜을 골고루 채워 넣어요.
팔과 다리도 창구멍으로 솜을 넣어요. 창구멍은 공그르기로 마무리해요.

14

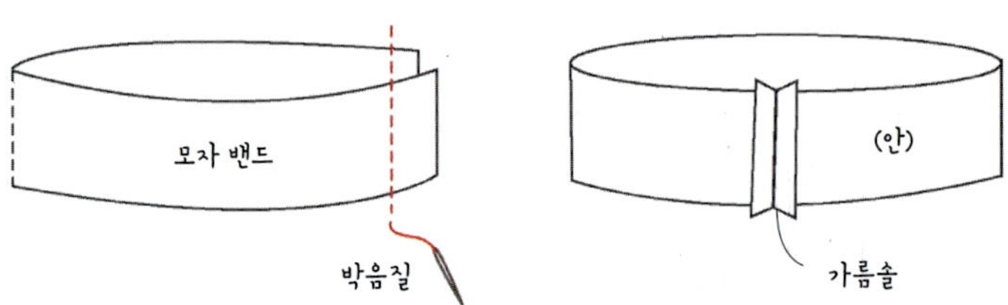

셰프 모자의 밴드 부분은 반을 접어 끝 부분을 박음질로 연결한 후 시접은 가름솔 처리해요.

15

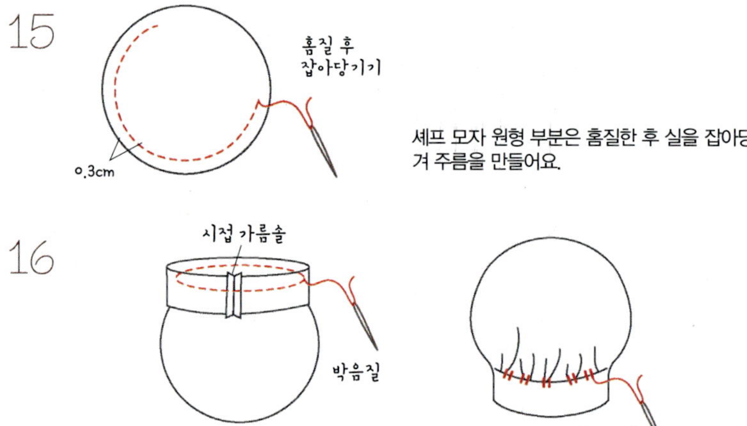

셰프 모자 원형 부분은 홈질한 후 실을 잡아당겨 주름을 만들어요.

16

밴드 부분에 원형 부분을 아래 그림처럼 끼운 후 박음질로 연결해요. 밴드를 겉면으로 꺾은 후 반 접어 올리고 시접을 안으로 밀어 넣은 후 공그르기로 연결해요.

17

셰프 모자는 인형 머리에 씌운 후 양옆을 감침질이나 공그르기로 고정해요.

〈뚱뚱이 셰프 만들기〉

1

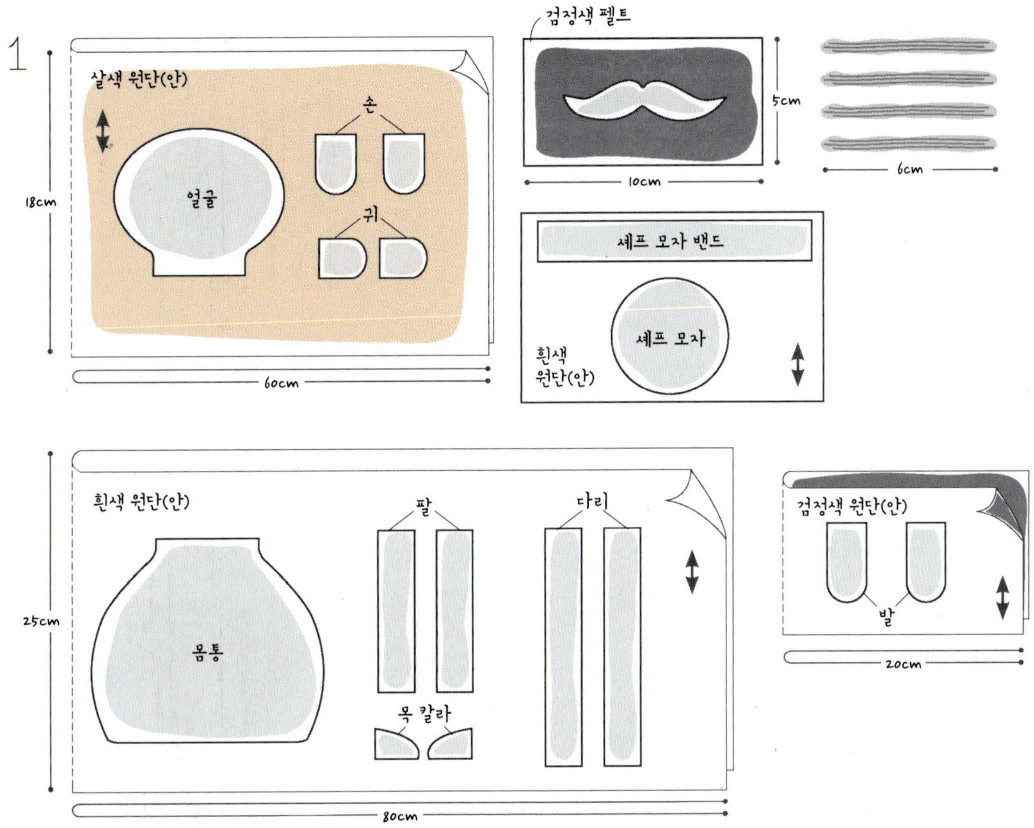

원단 안쪽면에 도안을 대고 바느질 선을 그린 후 0.7cm 시접을 주고(검정색 펠트 수염 제외) 재단해요.

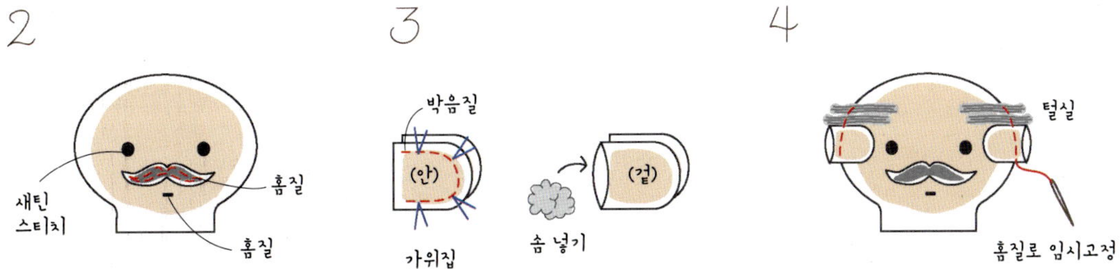

2

새틴 스티치로 눈을 채우고 콧수염을 홈질로 연결해요. 입은 검정색 실로 한 땀 정도를 두 번 홈질해요.

3

귀는 겉면끼리 마주 닿게 포개어 놓은 후 박음질로 연결한 후 시접을 조금 잘라내요. 가위집을 주고 겉면으로 뒤집어요. 솜은 조금만 채워 넣어요.

4

귀와 머리카락 털실을 아래 그림처럼 놓은 후 홈질로 임시 고정해요. 나머지 부분은 홀쭉이 셰프 4부터의 과정과 만드는 방법이 동일해요.

토끼 곰 생쥐

준비물

〈생쥐〉
- 린넨 원단(얼굴 · 팔 · 다리 · 귀용) 40×40cm
- 배색 퀼트면 원단 (몸통 · 발바닥 · 귀용) 40×40cm
- 스트라이프 니트 원단 (옷용) 사이즈
- 단추 2개
- 토션 레이스 조금
- 방울솜 160g

〈토끼&곰〉
- 린넨 원단(얼굴 · 팔 · 다리용) 40×40cm
- 배색 퀼트면 원단 (바디 · 발바닥 · 귀용) 40×40cm
- 단추(눈용) 2개
- 단추(팔 연결용) 2개
- 빨간색 방울술(곰돌이 코용) 1개
- 리본 · 코사지(토끼 머리띠용) 적당량
- 방울솜 토끼 160g, 곰 160g

〈생쥐 만들기〉

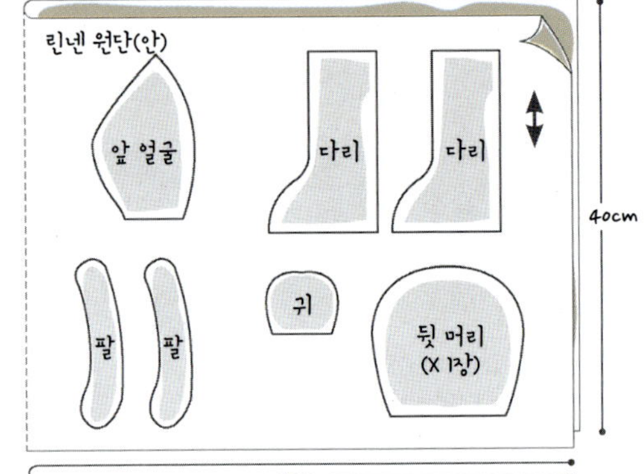

린넨 원단과 배색 퀼트면 원단에 각각의 도안을 대고 바느질 선을 그린 후 시접 0.7cm를 주고 재단해요.

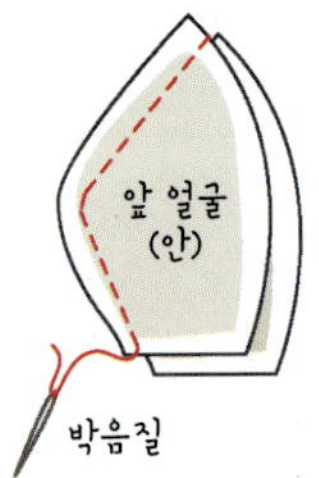

앞 얼굴 2장을 겉면끼리 마주 닿게 포개어 놓고 바느질 선을 따라 박음질로 연결해요.

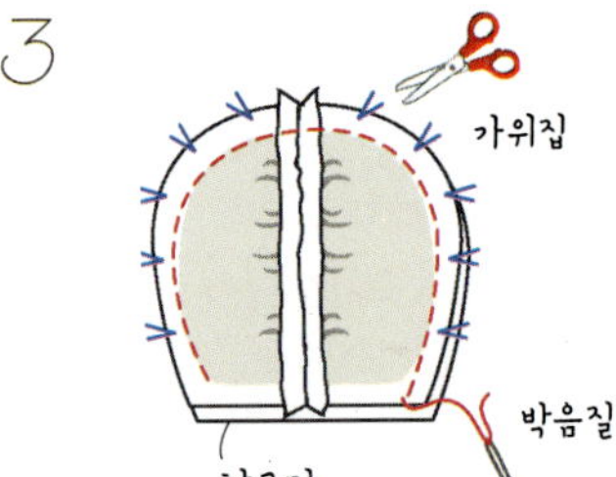

앞 얼굴 원단 겉면과 뒷머리 원단 겉면을 마주 닿게 놓고 창구멍을 제외한 부분을 박음질로 연결해요. 곡선의 시접 부분에 가위집을 넣어 겉면이 나오도록 뒤집어요.

4

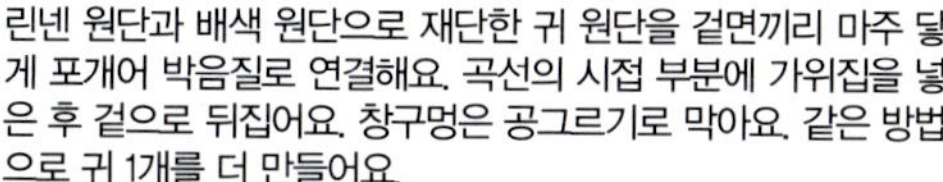

린넨 원단과 배색 원단으로 재단한 귀 원단을 겉면끼리 마주 닿게 포개어 박음질로 연결해요. 곡선의 시접 부분에 가위집을 넣은 후 겉으로 뒤집어요. 창구멍은 공그르기로 막아요. 같은 방법으로 귀 1개를 더 만들어요.

5

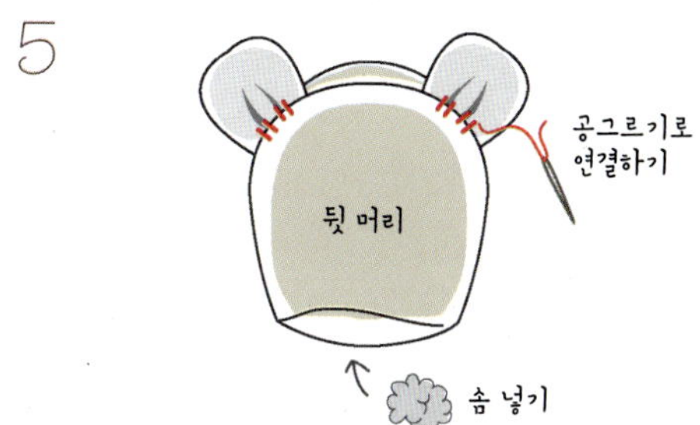

얼굴에 솜을 채워 넣고 귀는 배색 원단이 앞면으로 나오게 얼굴 위에 고정해 공그르기로 연결해요.

6

얼굴 앞면에 눈과 코, 입, 수염을 스티치로 표현해요. 눈과 코는 새틴 스티치로 채워요. (바늘을 창구멍 사이로 넣어 스티치를 시작하고 안쪽으로 매듭을 지어요.)

7

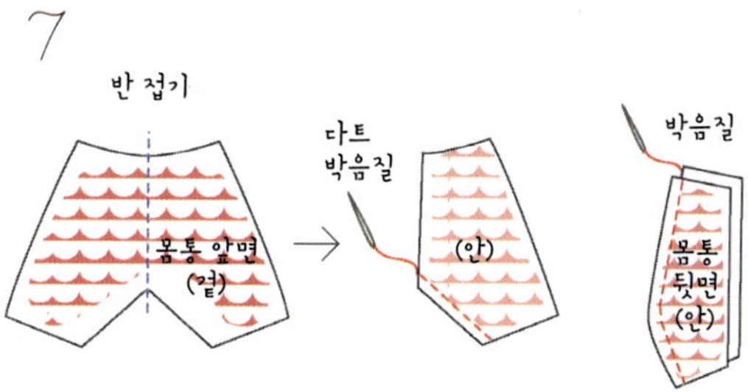

몸통 앞면의 다트 부분을 박음질하고 몸통 뒷면 2장은 겉면끼리 마주 닿게 포개어 박음질로 연결해요.

8

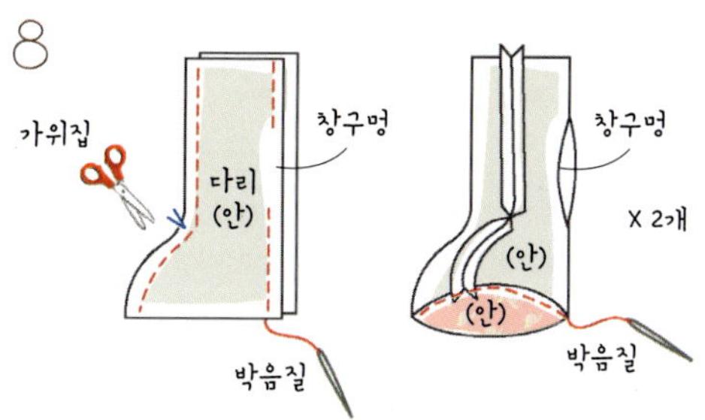

다리 원단 2장을 겉면끼리 닿게 포갠 후 창구멍을 제외한 부분을 박음질해요. 아래쪽에 발바닥 원단도 끼워 놓고 박음질로 연결해요. 곡선 부분의 시접에 가위집을 넣은 후 겉이 나오게 뒤집어요. 같은 방법으로 다리 1개를 더 만들어요.

9

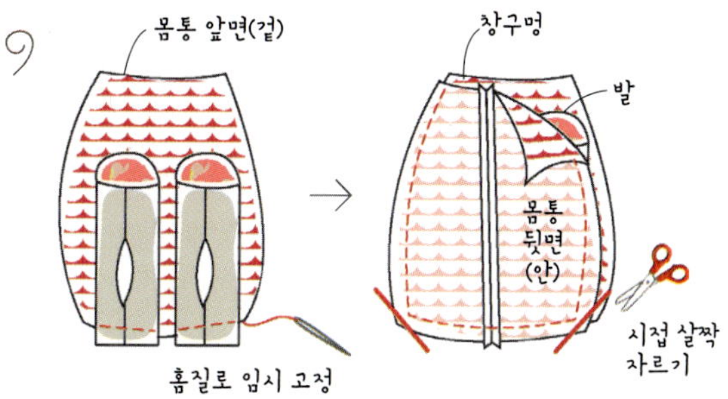

몸통 앞면 겉에 다리 뒷면이 위로 접히게 놓고 아랫줄을 홈질로 임시 고정해요. 몸통 뒷면 겉을 앞면 겉에 닿게 포갠 후 창구멍을 제외한 부분을 박음질해요.

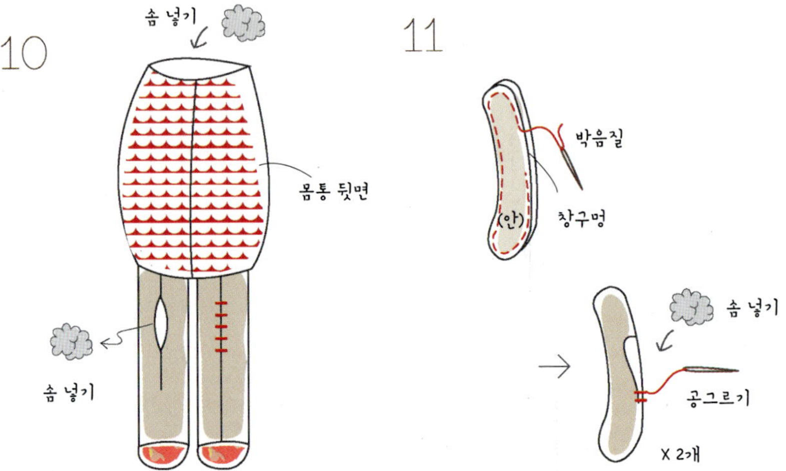

창구멍으로 뒤집어 겉면이 나오게 해요. 다리와 몸통에 솜을 채워 넣고 창구멍은 공그르기로 막아요.

팔 2장을 겉면끼리 마주 닿게 포개어 놓고 창구멍을 제외한 부분을 박음질로 연결해요. 팔에 솜을 채워 넣고 창구멍은 공그르기로 막아요. 같은 방법으로 팔 1개를 더 만들어요.

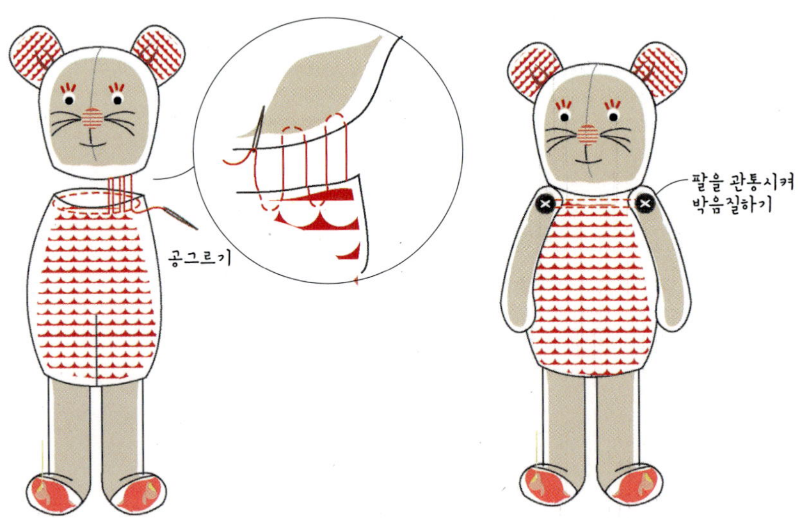

얼굴과 몸통 원단을 공그르기로 연결해요.

양쪽 팔은 적당한 위치에 놓고 단추를 올려 긴 바늘로 몸통을 2~3회 통과하도록 꿰매 달아요.

1

생쥐옷 원단에 도안을 대고 그린 후 시접 0.7cm를 주고 재단
해요.(생쥐옷은 신축성이 있는 다이마루 원단이나 면 니트 원단으
로 만들어요.)

2

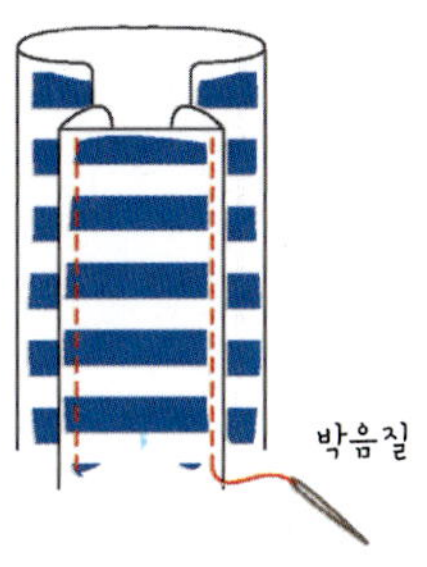

끈은 양옆으로 시접을 접어 넣은 후 다리미로 다려 모양을 잡
은 후 안끼리 포개놓고 박음질로 연결해요.

3

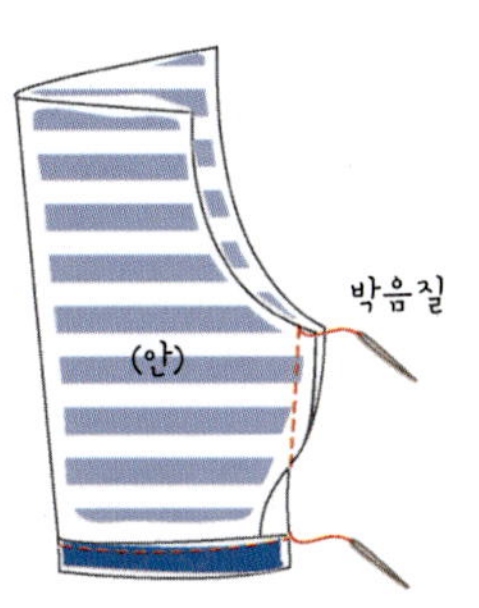

바지의 밑단을 두 번 접어 박음질하고 옆선을 박음질해요.

4

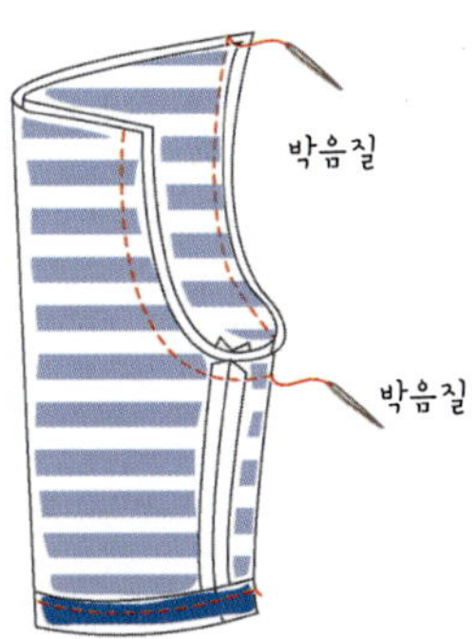

3에서 박음질된 바지통 2개를 겉면끼리 포개어지게 낀 후 박음
질로 밑위(가랑이)를 연결해요.

5

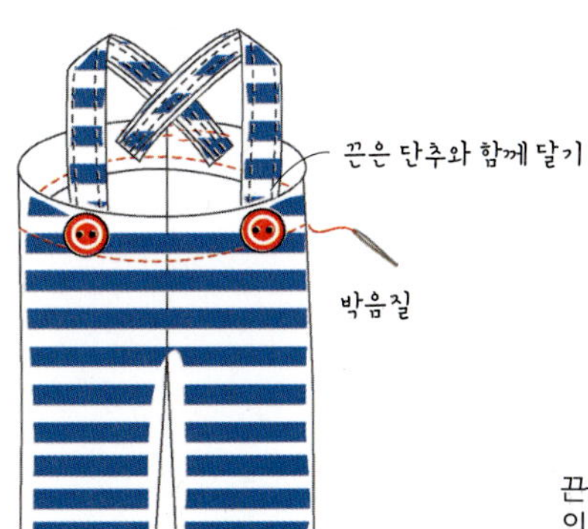

끈을 뒷면에서 X자로 놓고, 앞쪽에서 단추를 달아요. 이때 끈
의 끝부분은 0.5cm 정도 접어 시접 부분이 옷과 마주 닿도록 놓
고 달아주세요.

1

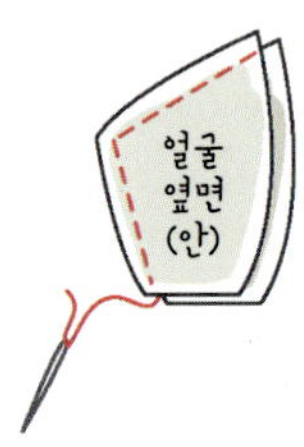

얼굴 옆면 원단을 겉면끼리 마주 닿게 포갠 후 박음질해요.

2

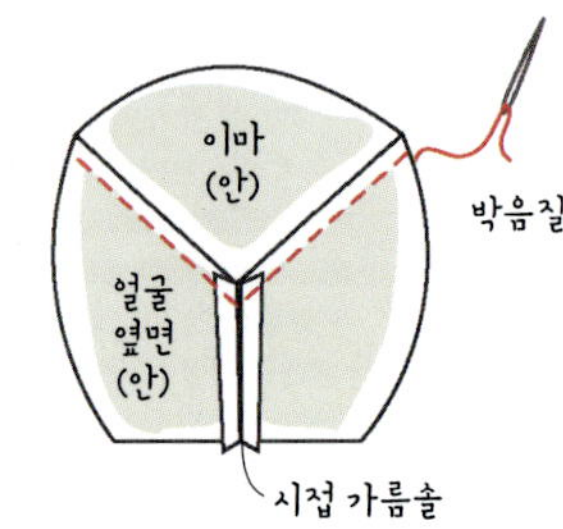

얼굴 옆면 원단 펼친 것에 이마 원단을 겉면끼리 마주 닿게 놓고 박음질로 연결해요.

3

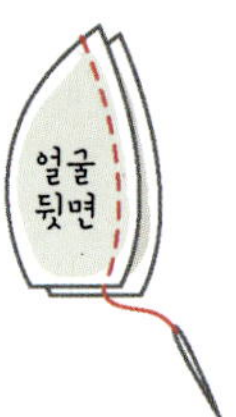

얼굴 뒷면 원단 2장을 겉면끼리 닿게 포개어 박음질한 후 펼쳐요.

4

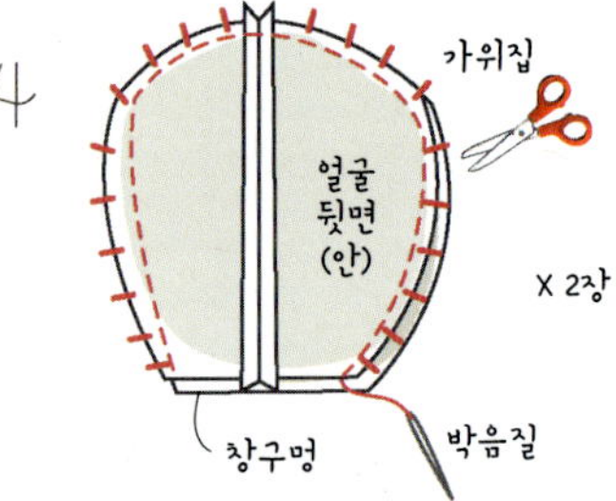

얼굴 뒷면 원단과 얼굴 앞면 원단을 겉면끼리 마주 닿게 놓고 박음질로 연결해요. 같은 방법으로 얼굴을 하나 더 만들어요.

5

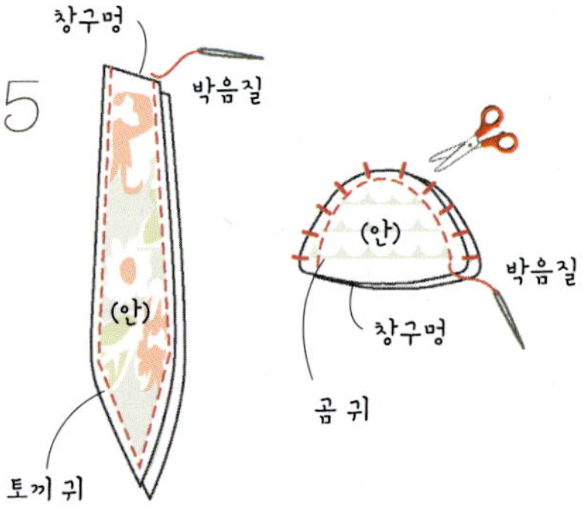

토끼 귀와 곰 귀는 겉면끼리 마주 닿게 포개고 창구멍을 제외한 부분을 박음질해요. 같은 방법으로 1개씩 더 만들어요.

6

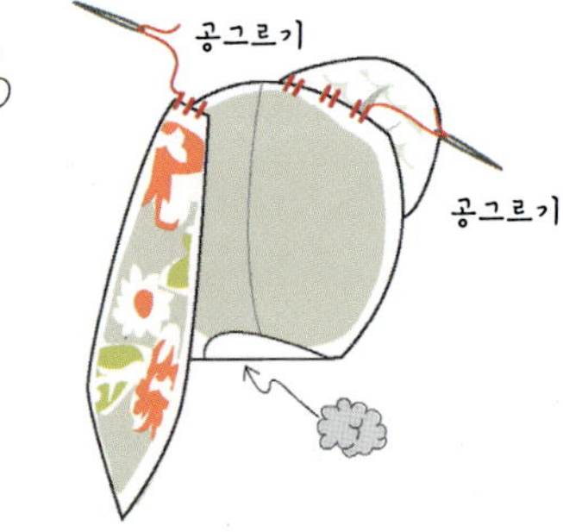

각각의 얼굴에 토끼 귀와 곰돌이 귀를 공그르기로 연결해요.

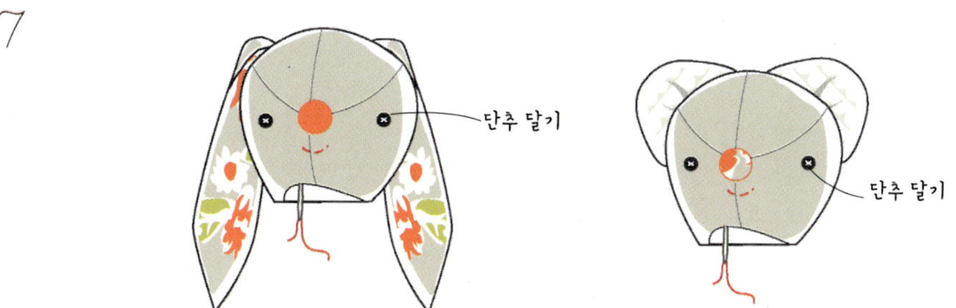

7

인형 얼굴 중 눈은 단추를 달아 표현하고 입은 홈질로 표현해요. 코는 방울 폼폼을 글루건으로 붙이거나 공그르기로 연결해요.

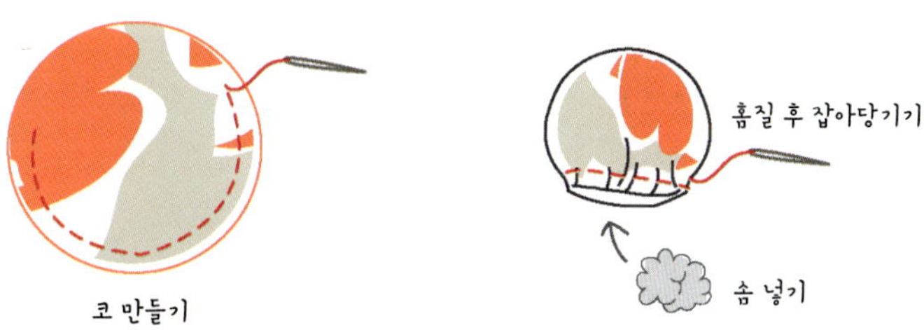

8

원단으로 곰돌이 코를 만들어도 괜찮아요. 원단 가장자리를 홈질해 실을 잡아당긴 후 솜을 넣고 다시 한 번 실을 당겨 지그재그로 마무리해요. 곰돌이 얼굴에 공그르기로 연결하면 간단해요.

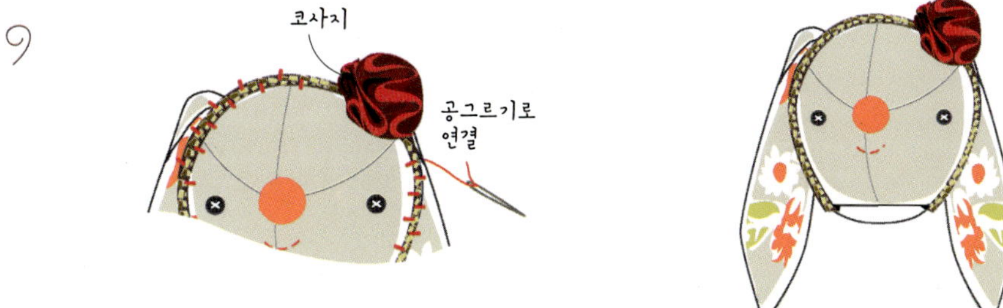

9

리본과 코사지를 이용해 머리띠를 만든 후 토끼 머리 위에 연결해 장식해요.

바바와
미미

작품보기 p.050

준비물
- 아이보리색 면 원단
  (인형 몸통용)
- 퀼트 면 원단
  (발바닥·옷용)
- 털실 1콘
- 방울솜 100g
- 검정색 실 조금

〈인형 만들기〉

1

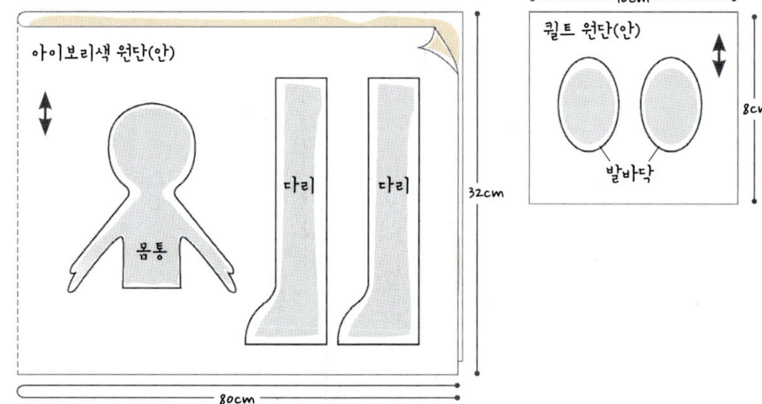

아이보리색 면 원단과 퀼트면 원단에 각각의 도안을 대고 바느질 선을 그린 후 0.7cm 시접을 주고 재단해요.

2

얼굴 앞면에 눈과 코, 입을 검정색 실로 바느질해요. 눈은 새틴 스티치로 표현하고 코와 입은 박음질해요. (눈은 바느질 대신 검정색 펠트를 동그랗게 잘라 감침질로 연결하거나 단추를 꿰매 달아도 예뻐요.)

3

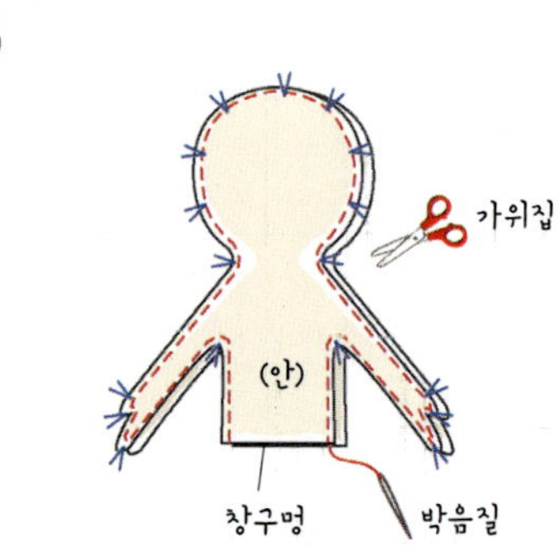

인형 몸통 원단 2장을 겉면끼리 마주 닿게 포개고 창구멍을 제외한 나머지 부분을 박음질로 연결해요. 곡선 부분(목, 손가락 부분)의 시접은 조금 잘라내고 나머지 부분에 가위집을 넣어요.

4

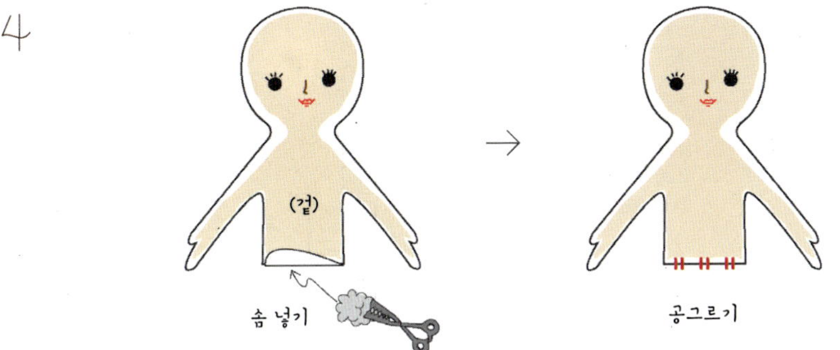

겉면이 나오게 뒤집어 창구멍 속으로 솜을 채워 넣고 시접 부분을 안으로 잘 밀어 넣어 공그르기로 마무리해요.

5

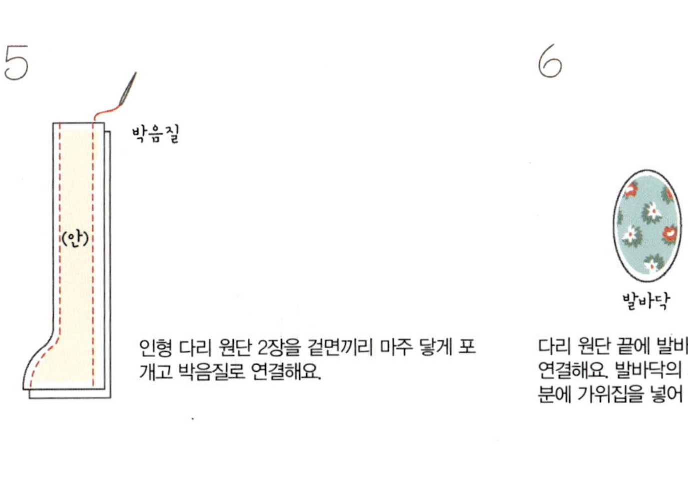

인형 다리 원단 2장을 겉면끼리 마주 닿게 포개고 박음질로 연결해요.

6

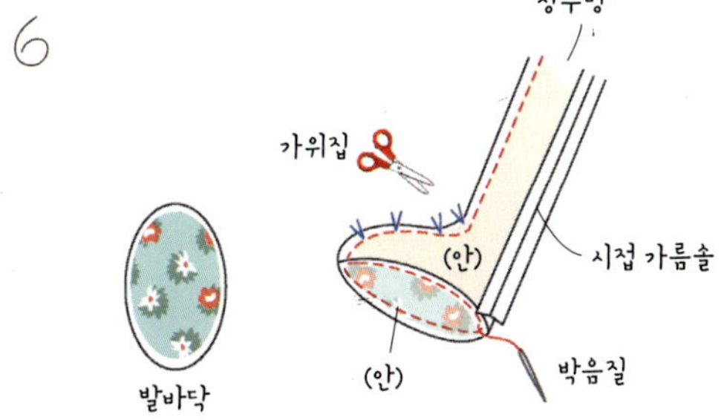

다리 원단 끝에 발바닥 원단을 놓고 바느질 선에 따라 박음질로 연결해요. 발바닥의 시접을 0.2~0.3cm 정도 잘라낸 후 곡선 부분에 가위집을 넣어 겉으로 뒤집어요.

7

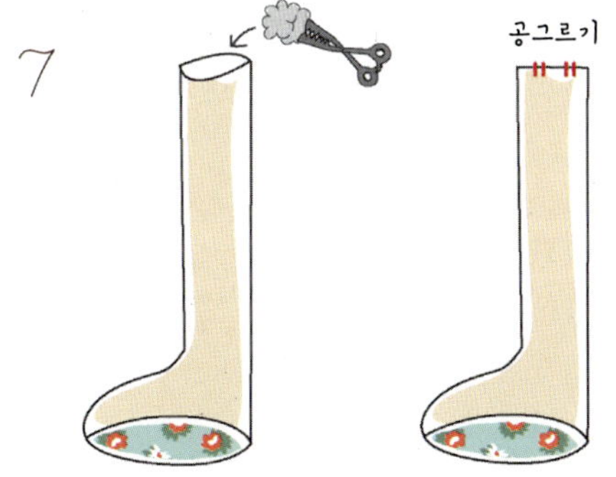

다리 부분에 겸자를 이용해 솜을 채워 넣고 공그르기로 창구멍을 막아요. 같은 방법으로 반대쪽 다리를 완성해요.

8

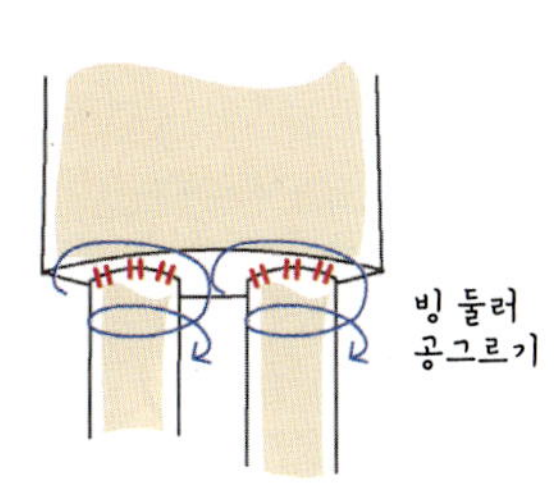

몸통과 다리를 공그르기로 연결해요. 실을 1~2바퀴 휘감아 바느질해야 튼튼해요.

9

털실을 50~60cm길이로 두꺼운 종이에 감은 후 인형의 머리 뒤쪽에 놓고 가운데를 박음질해요.

10

머리카락이 비는 곳은 감은 털실의 가운데 밑을 잘라 인형에 박음질로 연결해요.(비는 부분을 잘 채워야 머리카락이 풍성해 보여요.)

11

12

앞 머리카락은 50~60cm 길이의 털실 20가닥 정도를 반 접어 머리 윗면 중앙에 놓고 박음질로 연결해요.

머리카락을 귀 옆으로 넘겨 홈질로 고정하거나 길이를 맞춰 뱅 스타일로 잘라요.

1

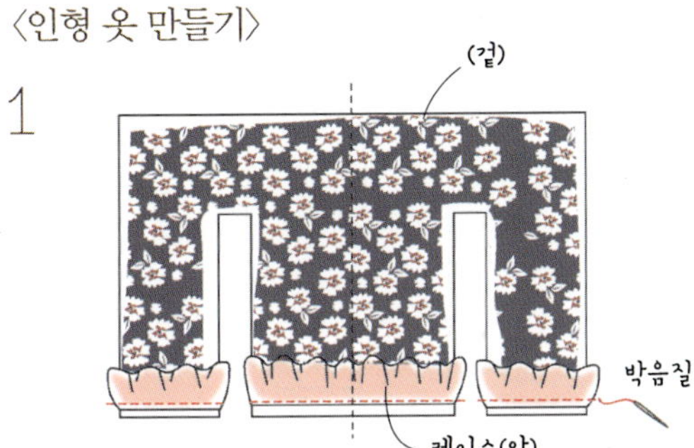

바지 원단에 도안을 대고 바느질 선을 그려 재단해요. 바지 아랫단에 레이스를 거꾸로 뒤집어 올리고 밑줄을 박음질로 연결해요.

2

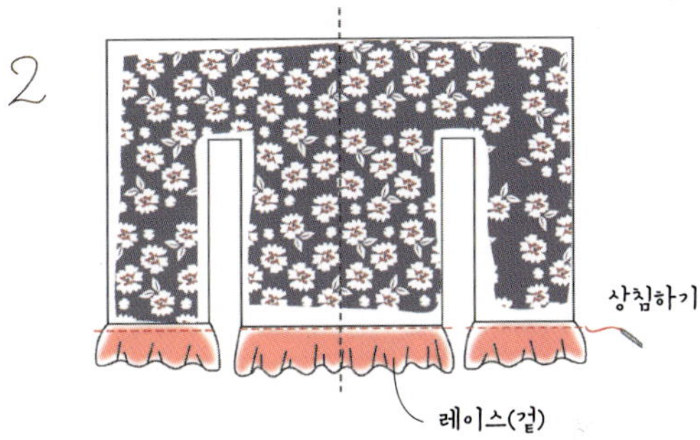

바지 아랫단 시접은 뒤로 접어 올리고 레이스는 아래로 내린 후 겉면에 상침 바느질해요.

3

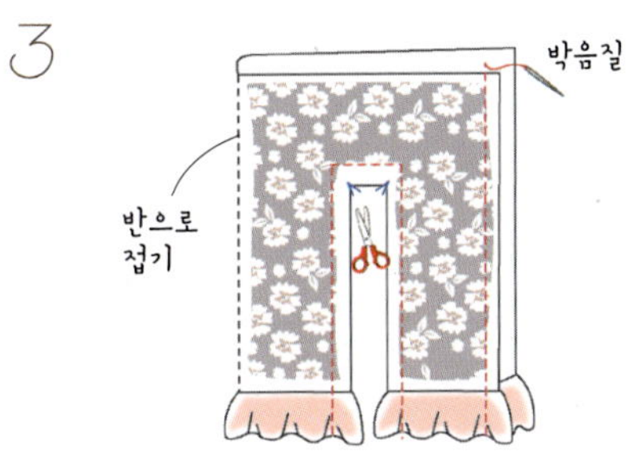

바지 안쪽이 겉으로 나오게 원단을 접고 박음질로 연결해 바지 모양을 잡아요. 가랑이 부분은 가위집을 내요.

4

바지의 허리 부분 시접은 1cm 폭으로 두 번 접어 안으로 넣고 박음질로 연결하다가 고무줄을 넣어 다시 박음질로 마무리해요.

5

윗옷 앞판에 패치워크용 원단을 대고 박음질로 연결해요.

6

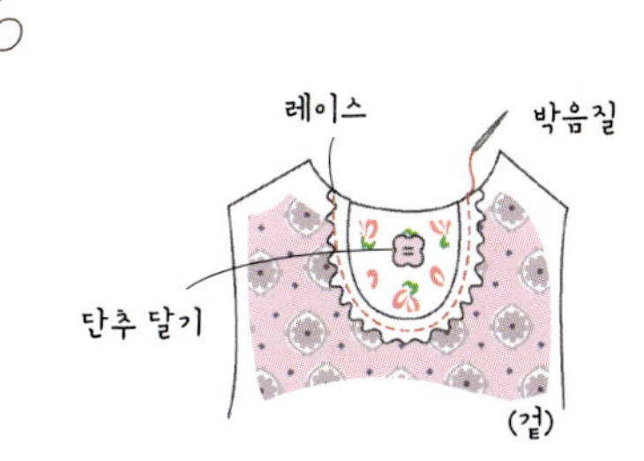

레이스는 패치워크 원단 시접 부분에 대고 박음질하고 가운데에 단추를 달아 장식해요.

7

윗옷 앞, 뒤판 원단을 겉면끼리 마주 닿게 포개
어 놓고 어깨선을 박음질로 연결해요.

8

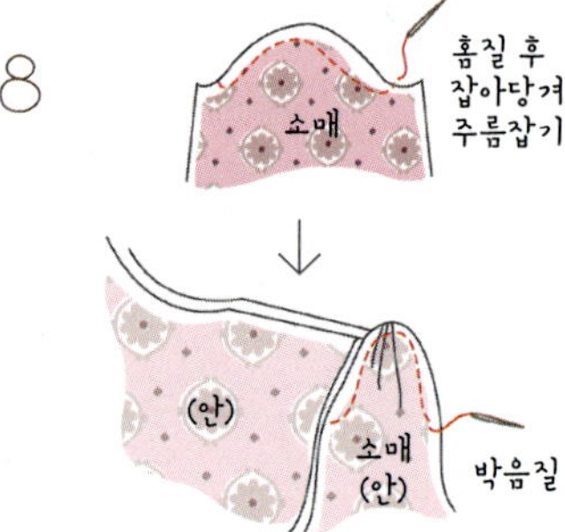

소매 원단 윗부분은 홈질로 주름을 잡고 박음
질로 몸 부분과 연결해요.

9

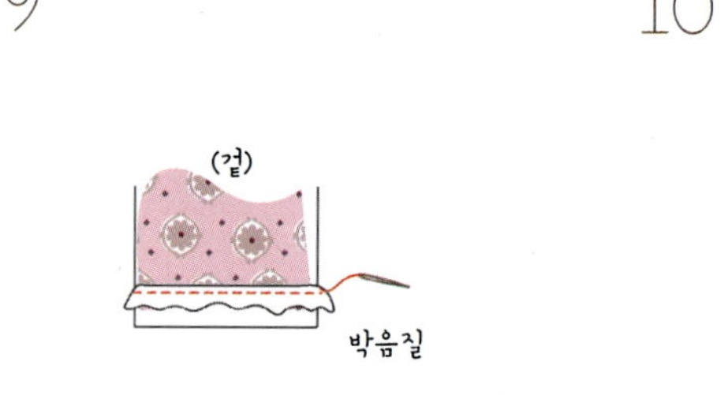

소매 끝단 시접은 안쪽 방향으로 접고
레이스를 올려 박음질로 연결해요.

10

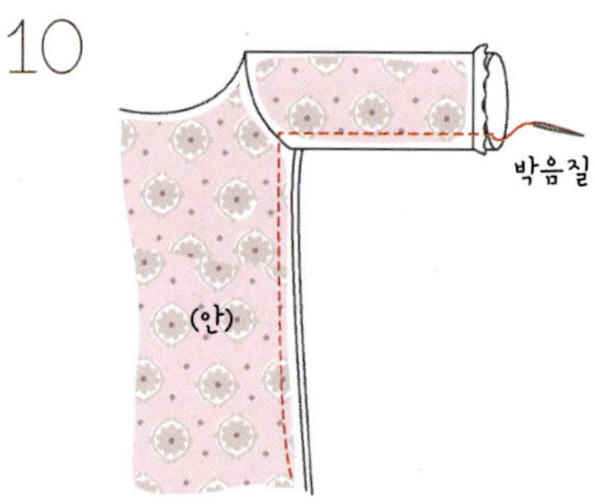

소매와 몸통 옆선은 박음질로 마무리해요.

11

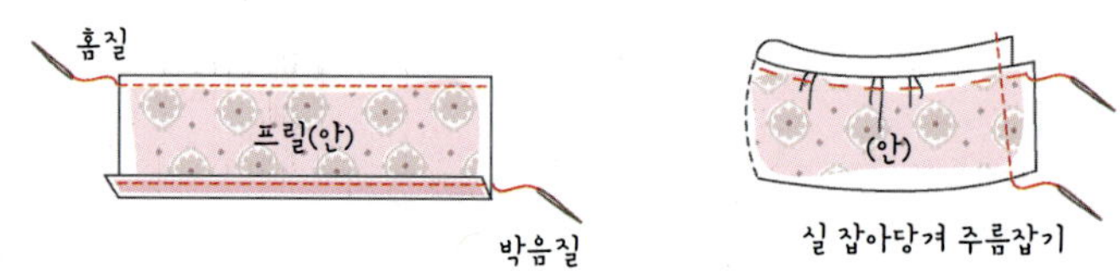

프릴 안쪽 면으로 시접을 접어올린 후 박음질로 밑단을 바느질해요. 그런 다음 위쪽을 홈질하고 잡아
당겨 주름을 만들어요. 반 접어 옆선을 박음질한 후 홈질했던 실을 잡아당겨 주름을 잡아주세요.

12

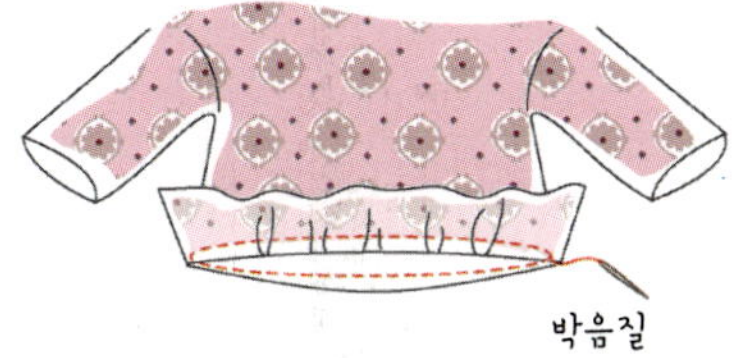

윗옷 밑에 프릴을 뒤집어 올려 겉면끼리 닿게 한 후 박음질로 연결해 레이스를 내려요.

13

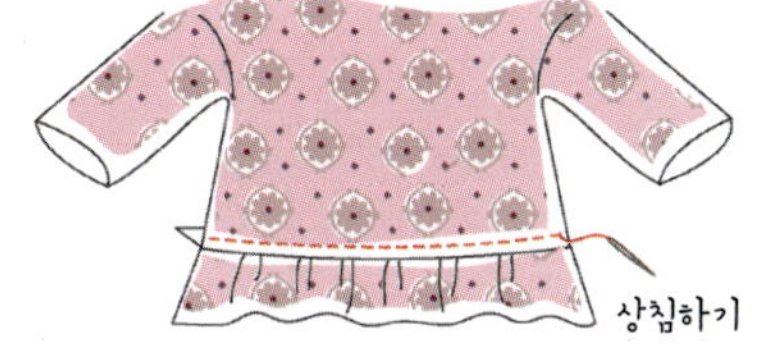

윗옷 시접은 뒤로 접어 올리고 프릴 레이스 위에서 상침 바느질해요.

14

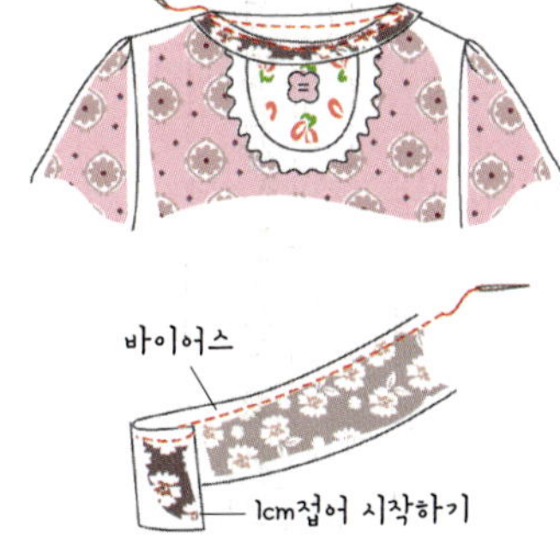

윗옷 목 부분 겉에 바이어스 겉면을 마주 닿게 포개어 박음질해요. (바이어스는 뒤쪽 목 부분부터 1cm 접어 올려 시작해요. 마무리할 때는 처음 접은 1cm 위로 겹치고 남은 부분을 잘라내요.)

15

바이어스를 안쪽으로 넣고 시접을 접어 넣어 공그르기로 연결하다가 고무줄을 끼워 넣고 다시 공그르기로 마무리해요. (고무줄 끝은 박음질로 고정해야 깔끔해요.)

〈원피스 만들기〉

16

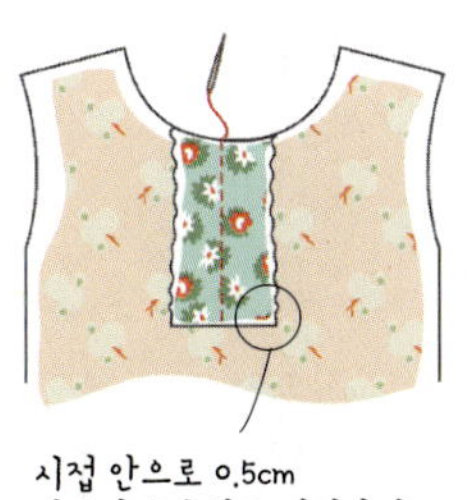

원피스는 먼저 프릴 안쪽 면으로 양 옆선을 접어올린 후 박음질로 단을 정리하세요. 가운데 부분은 홈질 후 실을 잡아당겨 프릴 길이를 8cm 정도로 만든 후 윗옷 앞판에 홈질로 연결하세요. 나머지 과정은 옷 만들기 5부터와 동일해요.

바스락 바스락 인형

준비물
- 몸통 앞면용 원단(세 종류의 면, 각 15×20cm)
- 몸통 뒷면용 원단 27×20cm
- 얼굴용 살색 원단 8×8cm
- 눈·입·머리용 펠트지 약간
- 머리카락용 털실(세 가지 색상)
- 리본 테이프 50cm
- 비닐봉지 27×20cm

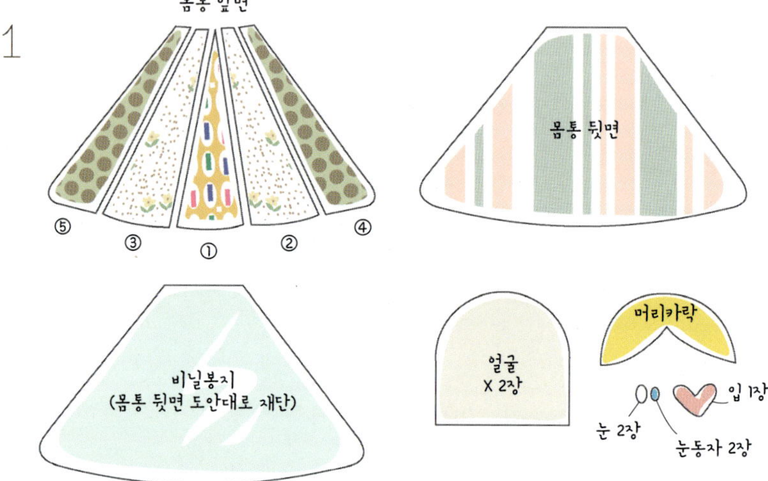

1

원단을 안쪽 면에 도안을 대고 바느질 선을 그린 후 시접을 0.7cm 주고 재단해요. 펠트지를 사용하는 머리, 눈, 입은 시접을 두지 않고 바느질 선대로 재단해요.

2

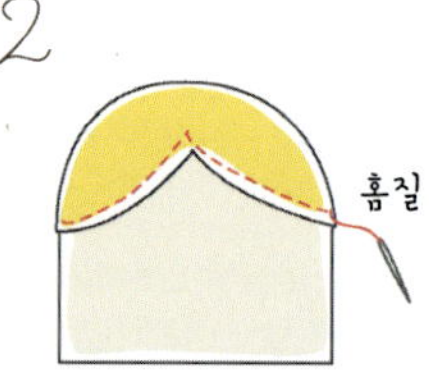

얼굴 원단 앞면에 머리용 펠트를 올려놓고 홈질로 연결해요.

3

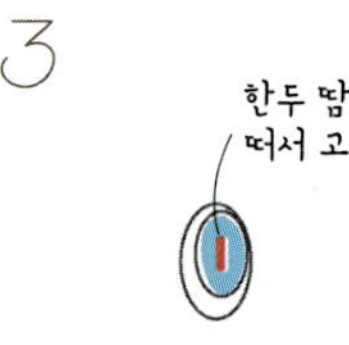

펠트지 눈에 눈동자를 놓고 한두 땀 떠서 고정해요.

4

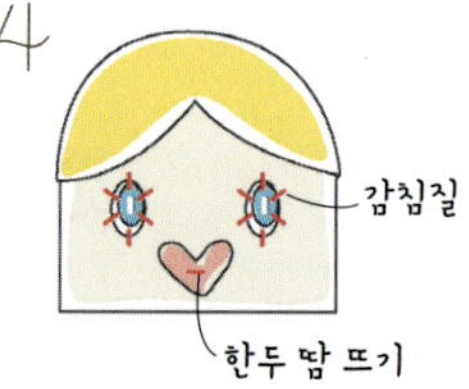

얼굴 원단 앞면에 눈을 감침질로 고정하고, 하트 모양 입도 한두 땀 떠서 얼굴 원단에 고정해요.

5

털실로 머리카락을 땋은 후(대략 15cm 정도), 얼굴 원단 앞면에 아래 그림처럼 놓은 후 한두 땀 정도 원단과 털실을 같이 떠서 임시로 고정해요.

6

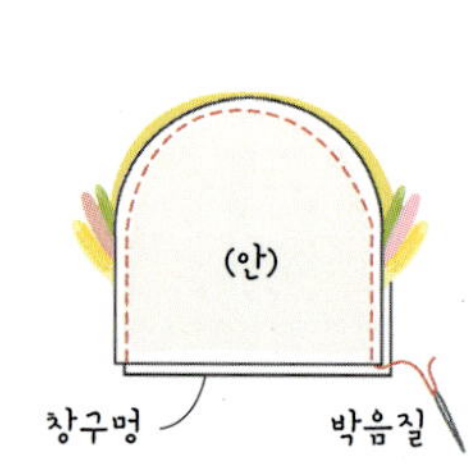

얼굴 원단을 겉면끼리 마주 닿게 포개어 놓고 바느질 선을 따라 박음질해요. 0.3∼0.4cm 폭 정도만 남긴 채 시접을 깨끗이 잘라 정리하고 겉면으로 뒤집어요.

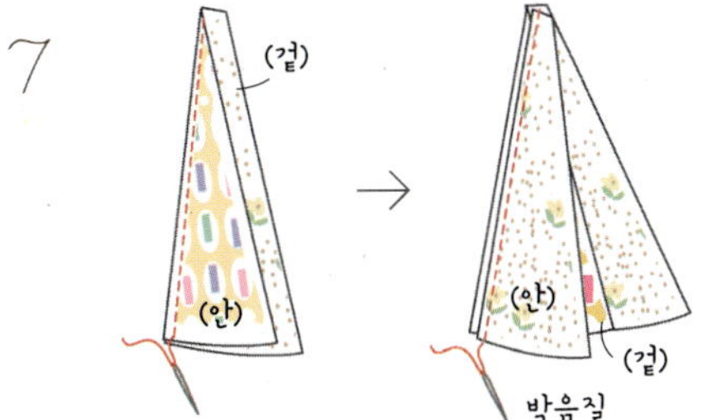

몸통 ②원단과 ①원단을 겉끼리 마주 닿게 포개어 놓고 박음질로 연결해요. ①과 ②를 연결한 원단에 ③원단을 겉면끼리 마주 닿게 포개어 놓고 박음질로 연결해요.

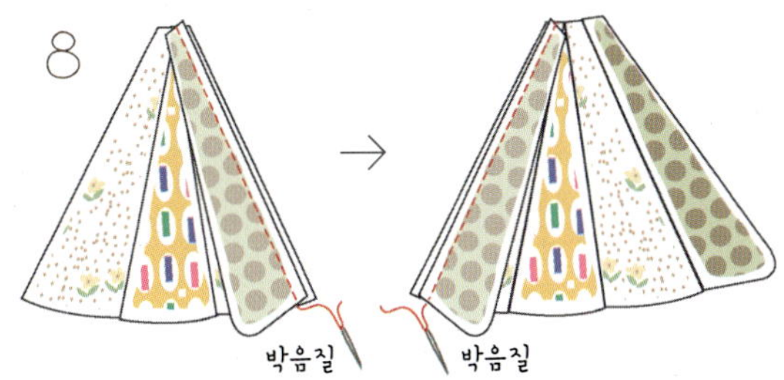

같은 방법으로 순서대로 원단을 이어주세요.

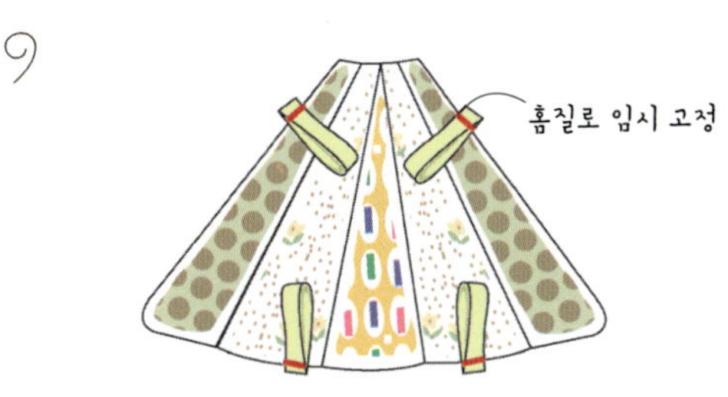

리본 4개를 자른 후 반 접어 팔, 다리 위치에 놓고 홈질로 임시 고정해요.

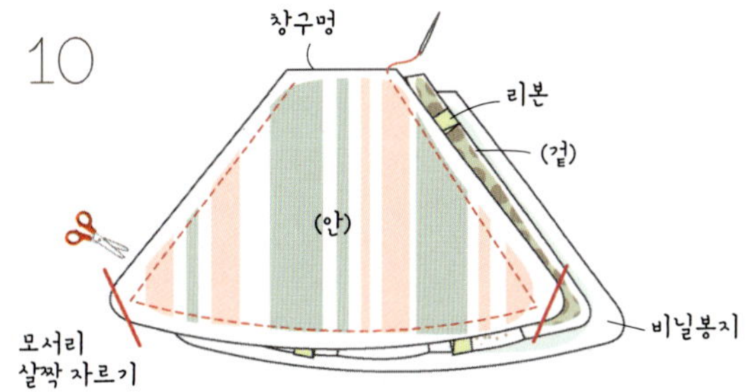

맨 아래에 비닐봉지를 놓고 그 위에 몸통 앞면(겉)이 위로 오게 놓아요. 그 위에 몸통 뒷면(안)이 위로 오게 순서대로 놓은 후 창구멍을 남기고 박음질로 연결해요. 모서리 부분의 시접을 조금 자르고 겉면 쪽으로 뒤집어요.

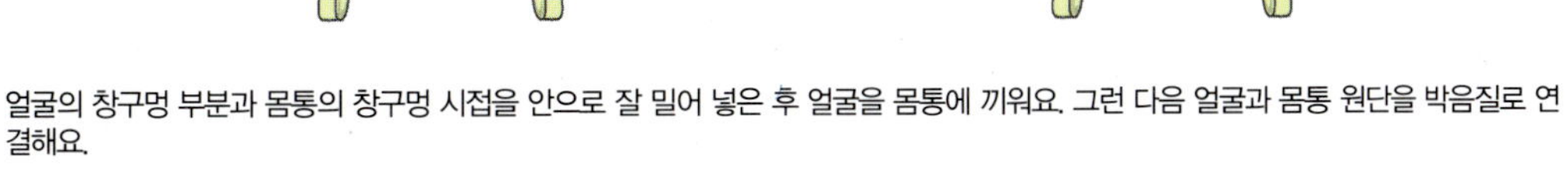

얼굴의 창구멍 부분과 몸통의 창구멍 시접을 안으로 잘 밀어 넣은 후 얼굴을 몸통에 끼워요. 그런 다음 얼굴과 몸통 원단을 박음질로 연결해요.

알록달록
앵무새

1

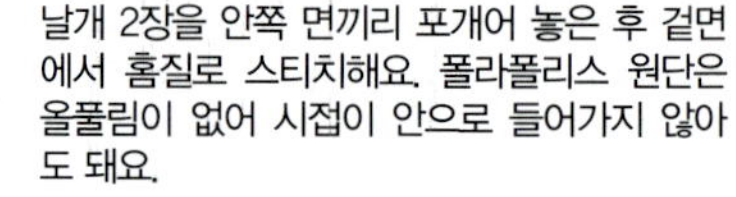

원단에 도안을 대고 바느질 선을 그린 후 시접 0.7cm를 남기고 재단해요.

2

날개 2장을 안쪽 면끼리 포개어 놓은 후 겉면 에서 홈질로 스티치해요. 폴라폴리스 원단은 올풀림이 없어 시접이 안으로 들어가지 않아 도 돼요.

3

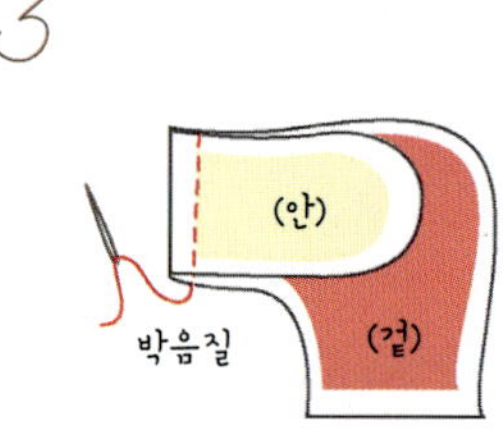

머리와 부리를 겉면끼리 마주 닿게 포개어 놓 은 후 박음질로 연결해요. 박음질 후 시접은 가 름솔 처리해요.

4

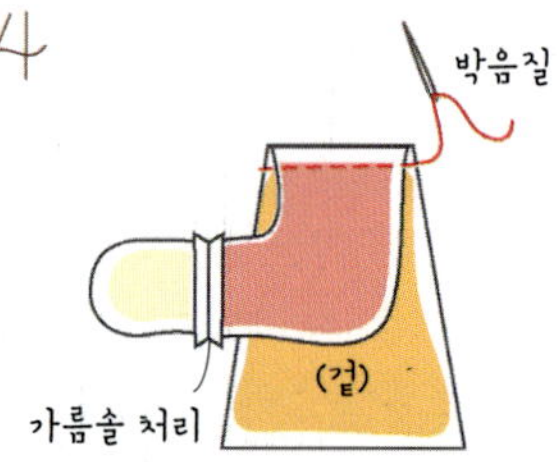

머리와 몸통을 겉면끼리 마주 닿게 포개어 놓 은 후 박음질로 연결해요. 박음질 후 시접은 가 름솔 처리해요.

5

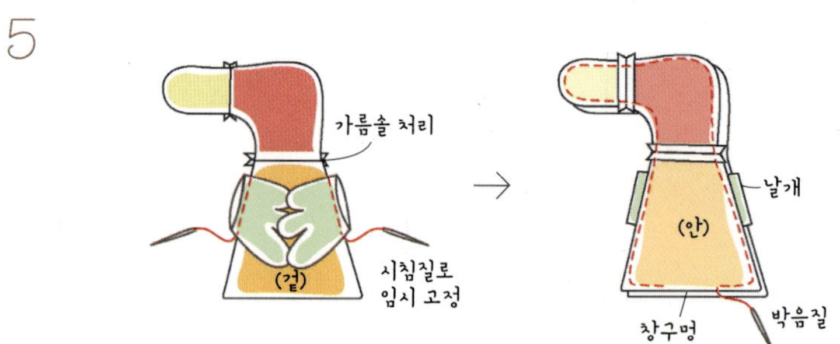

몸통 겉면에 날개를 시침질로 임시 고정한 후 앵무새 원단을 겉면끼리 마주 닿게 포개어 놓고 창구 멍을 남기고 박음질해요.

창구멍을 통해 겉면으로 뒤집은 후 방울솜을 채워 넣어요. 창구
멍은 공그르기로 막아요.(방울솜을 넣을 때 소리 나는 삑삑이나
방울을 같이 넣으세요.)

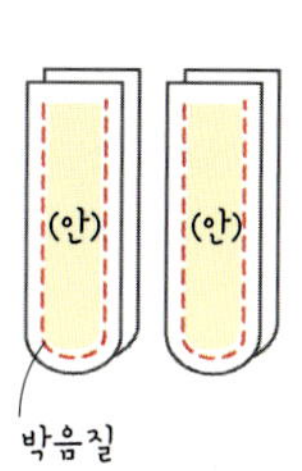

다리는 2장씩 겉면끼리 마주 닿게 포개어 놓은 후 박음질로 연결
하고 겉면으로 뒤집어요.

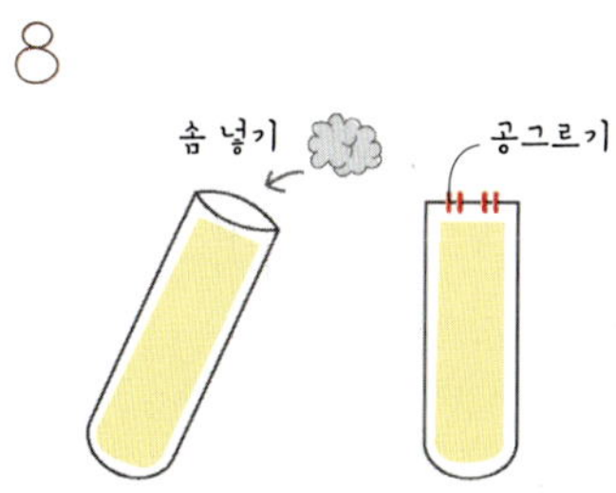

솜을 채워 넣은 후 공그르기로 막아요.

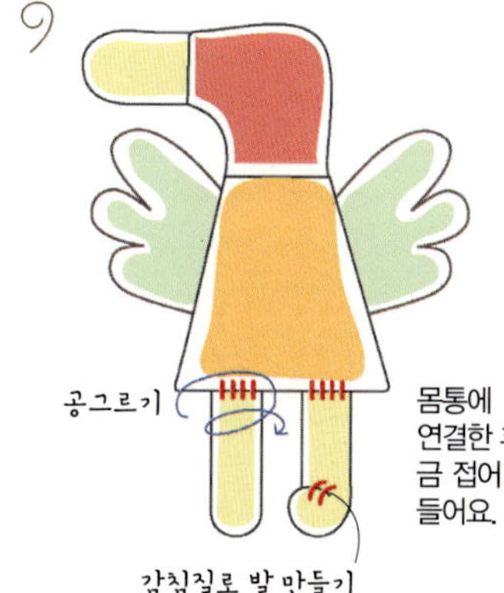

몸통에 다리를 공그르기로 연결한 후 다리 끝 부분을 조
금 접어 감침질해서 발을 만
들어요.

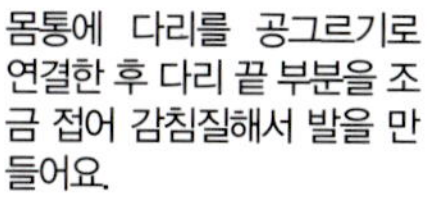

10

꽃 모양 펠트 위에 단추를 고정한 후 앵무새의 눈 부분에 올려
놓고 원단과 연결하여 눈을 표현해요. 목 부분에는 리본 테이
프를 돌린 후 뒤에서 감침질로 고정하고, 가슴 부분에는 장식
단추를 달아요.

부엉이
삼총사

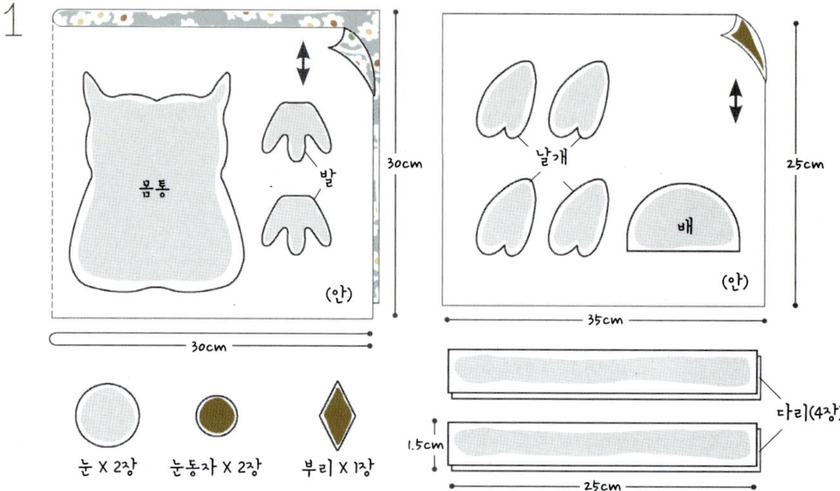

원단 안쪽 면에 도안을 대고 바느질 선을 그린 후 눈과 부리, 날개, 배를 시접 없이 도안대로 재단하고 부엉이 몸통, 발, 다리는 시접 0.7cm를 남기고 재단해요.

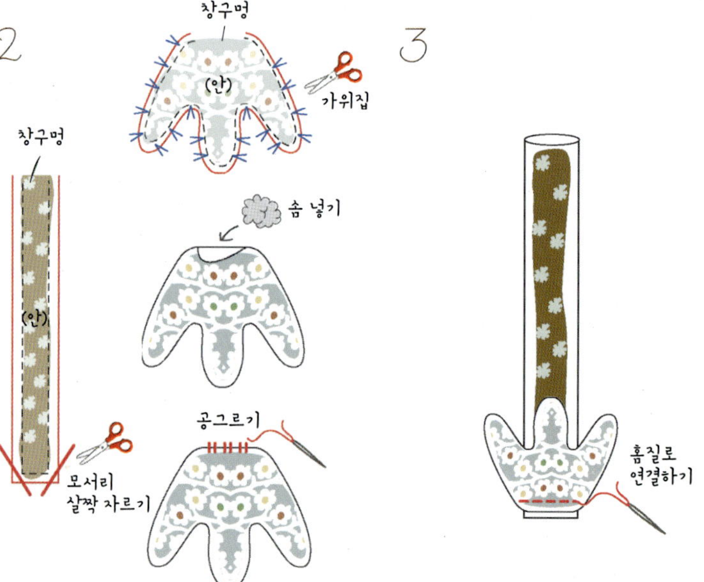

다리와 발 원단은 겉면끼리 마주 닿게 포개어 놓고 창구멍을 남긴 채 박음질해요. 시접을 조금 짧게 잘라 정리한 후 가위집을 주고, 겸자나 뒤집개를 이용해 겉면으로 뒤집은 후 발에는 솜을 조금 넣고 창구멍을 공그르기로 막아요.

다리에 발을 얹어놓고 홈질로 연결해요.

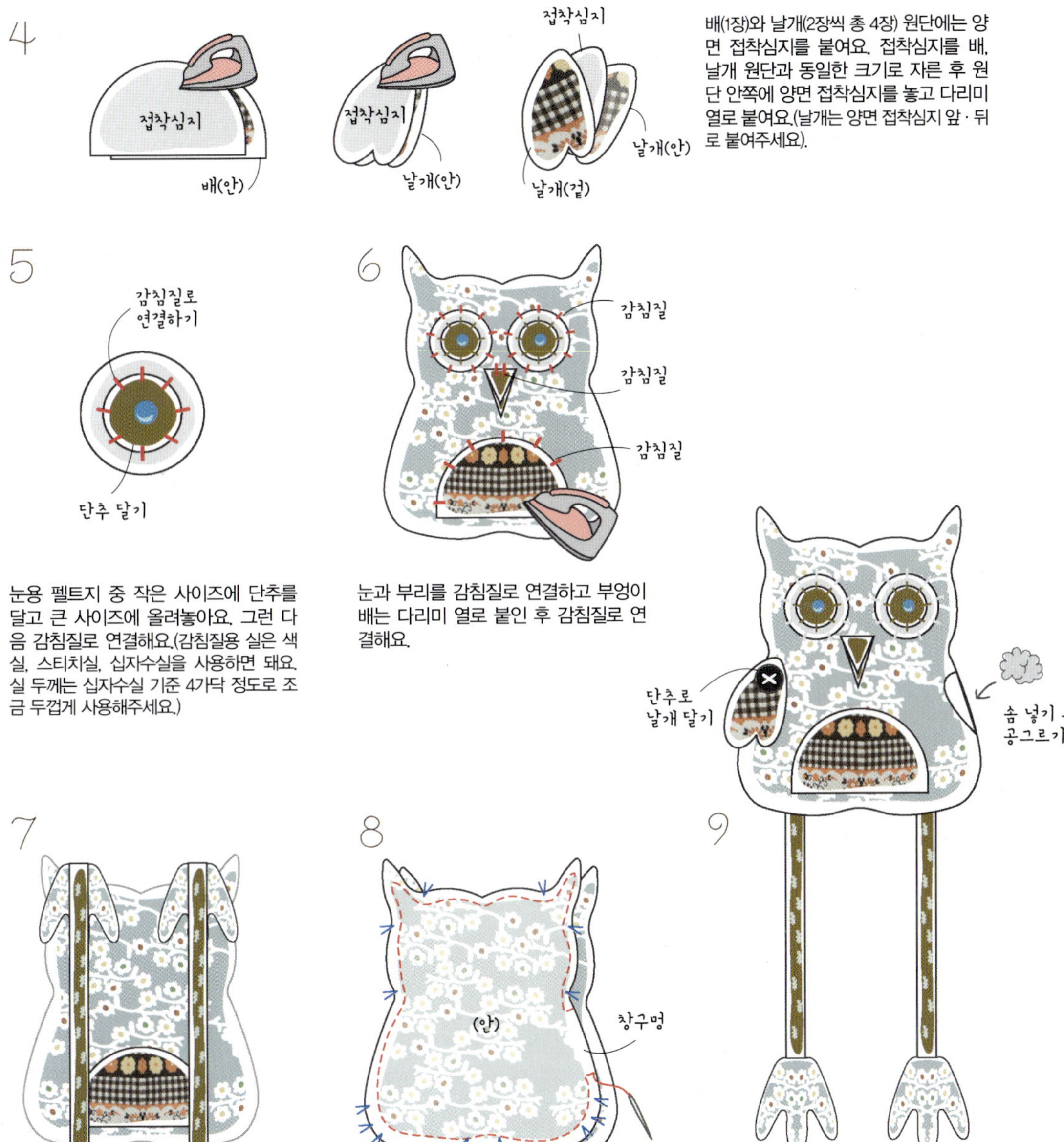

4

배(1장)와 날개(2장씩 총 4장) 원단에는 양면 접착심지를 붙여요. 접착심지를 배, 날개 원단과 동일한 크기로 자른 후 원단 안쪽에 양면 접착심지를 놓고 다리미 열로 붙여요.(날개는 양면 접착심지 앞 · 뒤로 붙여주세요).

5

눈용 펠트지 중 작은 사이즈에 단추를 달고 큰 사이즈에 올려놓아요. 그런 다음 감침질로 연결해요.(감침질용 실은 색실, 스티치실, 십자수실을 사용하면 돼요. 실 두께는 십자수실 기준 4가닥 정도로 조금 두껍게 사용해주세요.)

6

눈과 부리를 감침질로 연결하고 부엉이 배는 다리미 열로 붙인 후 감침질로 연결해요.

7

6의 원단 위에 다리를 엎어놓고(부엉이 다리의 뒷면이 위로 올라오게 놓고), 홈질로 임시 고정해요.

8

부엉이 원단 2장을 겉면끼리 마주 닿게 포개고 창구멍을 남기고 박음질해요. 부엉이 귀 부분의 시접은 조금 짧게 잘라 정리하고 곡선 부분마다 가위집을 준 후 창구멍을 통해 겉면으로 뒤집어요.

9

창구멍으로 솜을 채워 넣은 후 공그르기로 마무리해요. 날개는 양쪽 같은 위치에 단추를 이용하여 달아요.

닥스훈트 롱롱이

1

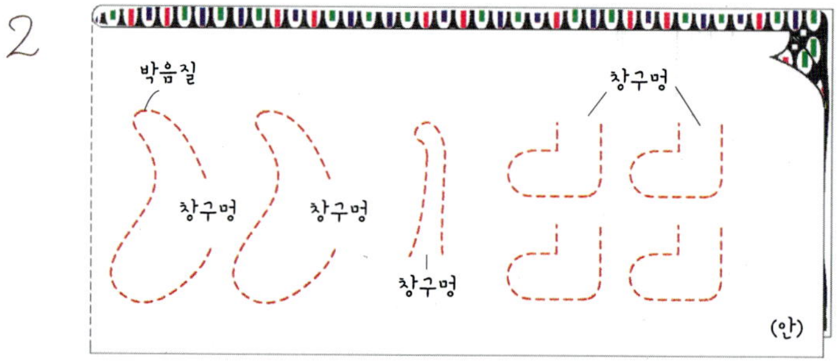

귀, 꼬리, 다리용 원단은 안쪽 면이 위로 올라오게 겉면끼리 반 접어 포개어 놓은 후 도안을 대고 바느질 선을 그려요.

2

창구멍을 남기고 바느질 선을 따라 박음질해요. 창구멍 쪽 시접은 1cm 남겨두고 나머지 부분은 0.5cm 시접을 남기고 잘라요.

3

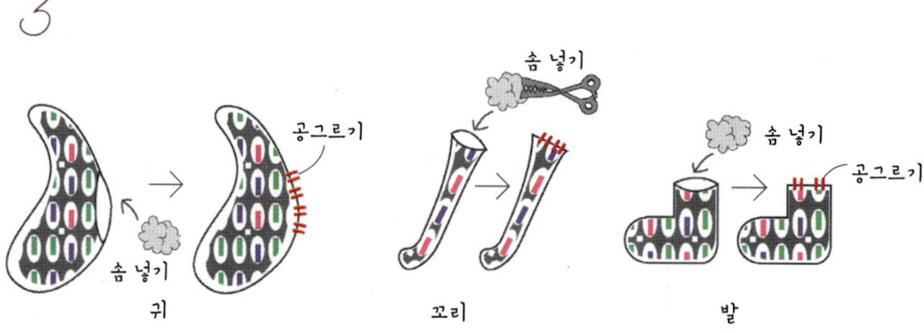

창구멍을 통해 겉면으로 뒤집은 후 꼬리와 발에는 솜을 넣고 창구멍은 공그르기로 막아주세요.

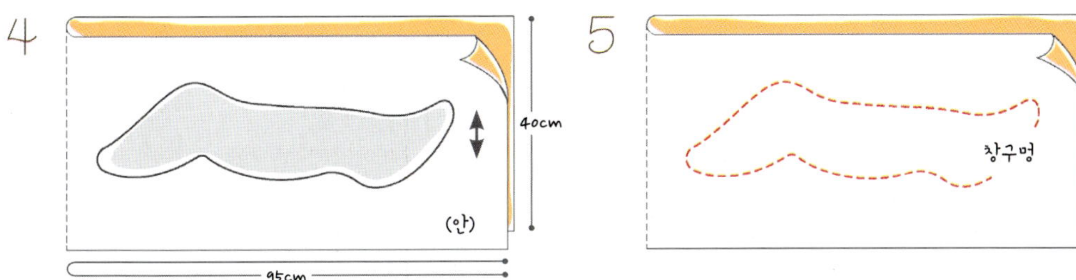

몸통 원단의 안쪽 면이 위로 올라오게 겉면끼리 반 접어 포갠 후
도안을 대고 바느질 선을 그려요.

창구멍을 남기고 바느질 선을 따라 박음질해요.

창구멍 쪽 시접은 1cm 남겨두고 나머지 부분은 0.5cm 시접을 남
기고 잘라요. 곡선 부분에는 가위집을 주세요.

창구멍을 통해 겉면으로 뒤집은 후 솜을 넣고 창구멍을 공그르
기로 막아요.

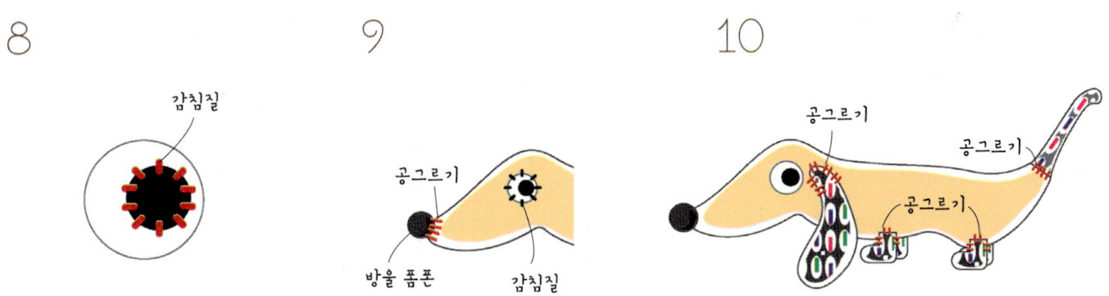

흰색 동그라미 펠트지 위에 검정 동그라
미 펠트지를 올려놓고 감침질로 꿰매요.

8을 눈 위치에 올려놓고 감침질로 연결
해요. 코(방울 폼폼)도 적당한 위치에 놓
고 빙 둘러가며 공그르기로 연결해요.

귀, 다리, 꼬리는 공그르기로 연결해요.

자장자장
세 자매

인형 머리에 사용한 원단은 올이 풀리지 않는 wool(양모) 원단이에요. 펠트 원단이나 일반 원단으로 대체 가능하며 올이 풀리는 일반 원단을 사용할 때는 시접을 두고 재단하세요.

〈올림머리 인형 만들기〉

1

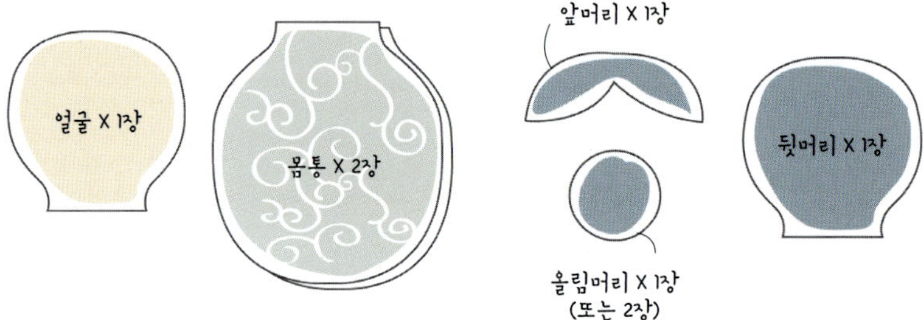

원단 안쪽 면에 도안을 대고 바느질 선을 그린 후 얼굴과 몸통에는 시접 0.7cm를 남기고 나머지는 도안대로 재단해요.

2

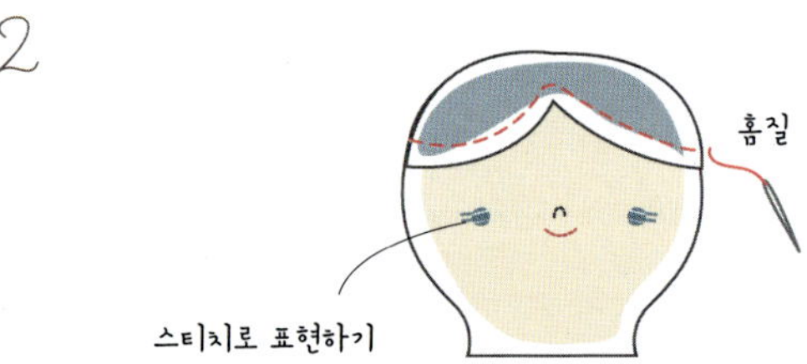

얼굴 원단에 앞머리를 올려놓고 홈질로 연결해요. 눈과 코, 입도 스티치로 표현해요.(스티치가 어렵다면 작은 단추나 펠트지를 오려 붙여도 괜찮아요.)

3

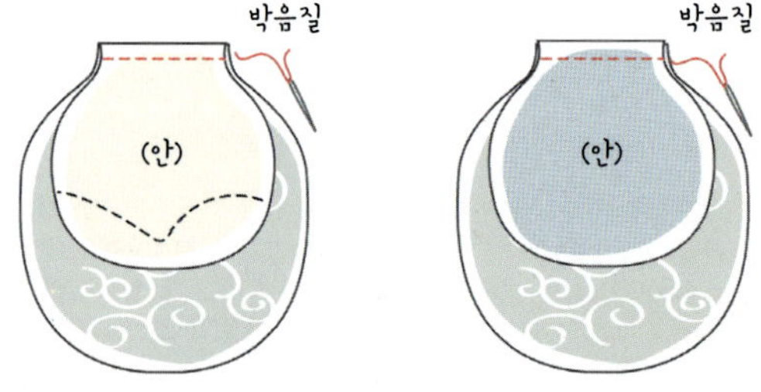

얼굴과 몸통, 뒷머리와 몸통 원단을 각각 겉면끼리 마주 닿게 포개어 놓고 박음질로 연결해요.

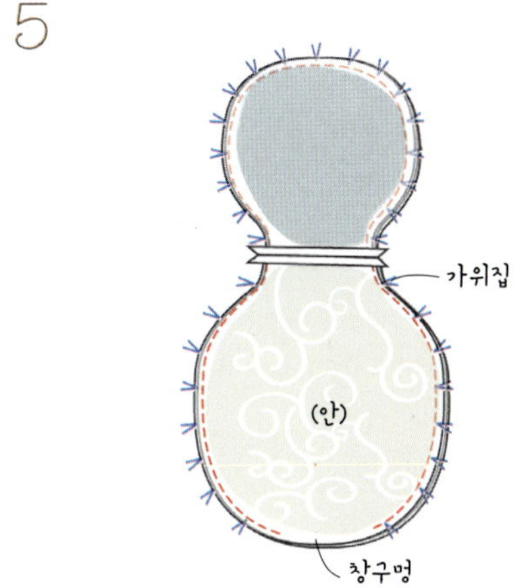

리본테이프를 겉면 목 부분 위에 올려놓고 박음질로 연결하세요.

얼굴과 몸통이 연결된 원단을 겉면끼리 마주 닿게 포개어 놓고 창구멍을 남긴 채 박음질로 연결해요. 그런 다음 곡선 부분에 가위집을 내고 겉쪽으로 뒤집어요.

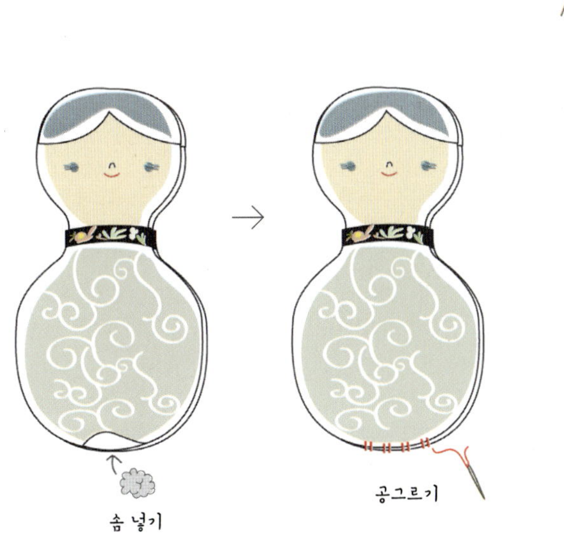

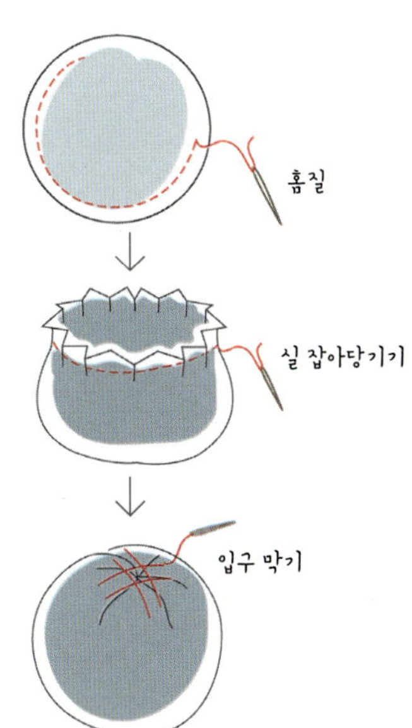

창구멍을 통해 솜을 채워 넣은 후 공그르기로 막아주세요.

올림머리를 만들어요. 동그랗게 재단한 원단을 홈질하여 실을 잡아당긴 후 솜을 적당량 넣고 시접을 안으로 넣어 실을 팽팽히 잡아당겨 입구를 막은 후, 상하와 좌우를 튼튼히 잡아 당겨 가며 꿰매요.

8

올림머리를 공그르기로 인형과 연결해요.

〈리본머리 인형 만들기〉

1

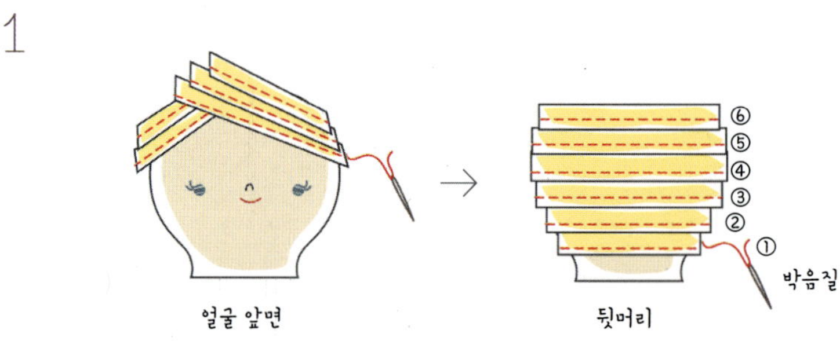

얼굴 원단 2장을 시접 0.7cm를 주고 재단한 후 얼굴과 뒷머리 원단으로 사용해요. 얼굴 앞면과 뒷머리 부분에 리본 테이프를 박음질로 연결해요. 눈, 코, 입은 스티치해요.

2

튀어나온 리본 테이프는 잘라내요.

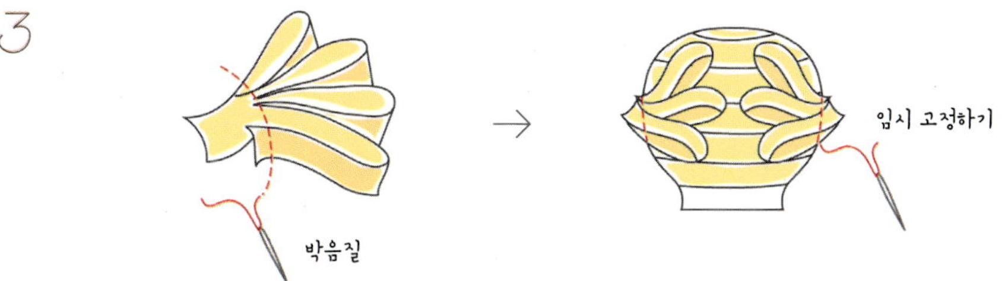

리본 테이프는 4~5cm 정도의 길이로 세 번 접어 박음질로 고정한 후 뒷머리 원단에 임시로 고정해요.
그 다음은 올림머리 인형 만들기의 ③부터와 동일하게 만들면 돼요.

〈슬리핑 백 만들기〉

1

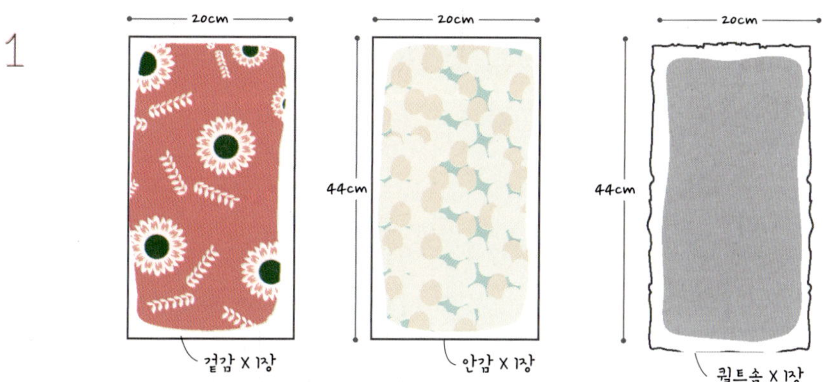

겉감, 안감, 퀼트솜을 그림의 사이즈대로 원단을 재단해요. 시접이 포함된 사이즈예요.

2   3

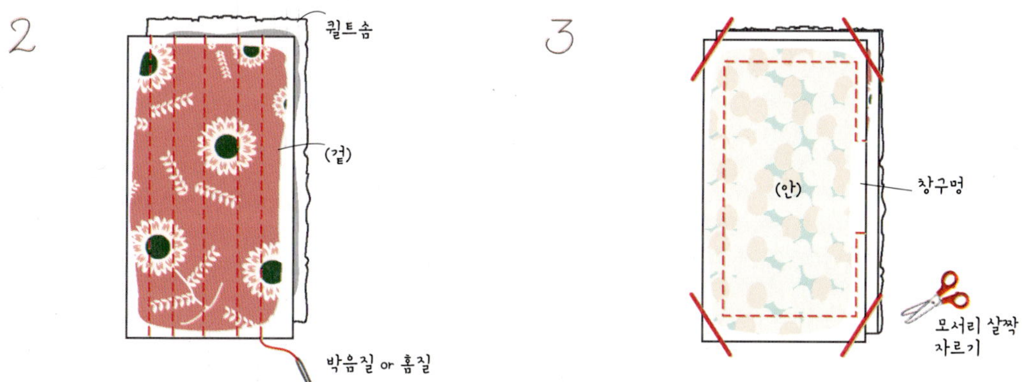

퀼트솜 위에 겉감 원단을 놓은 후 2장을 한꺼번에 박음질이나 촘
촘한 홈질로 누벼요.

2의 원단 위에 안감을 겉면끼리 마주 닿게 포개어 놓고 창구
멍을 남기고 박음질해요. 모서리 부분을 조금 잘라내고 겉면
으로 뒤집어요.

4

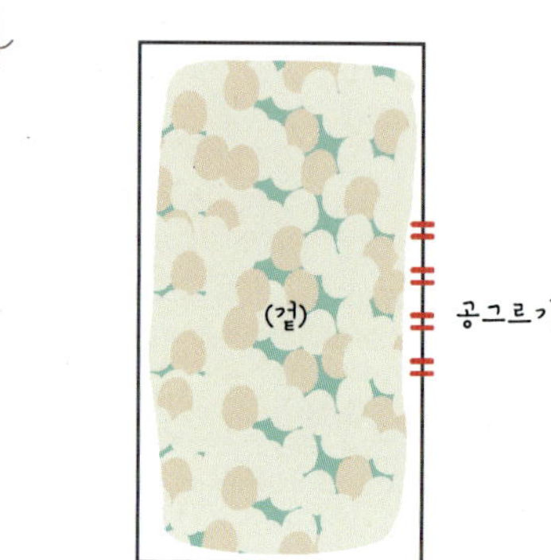

5

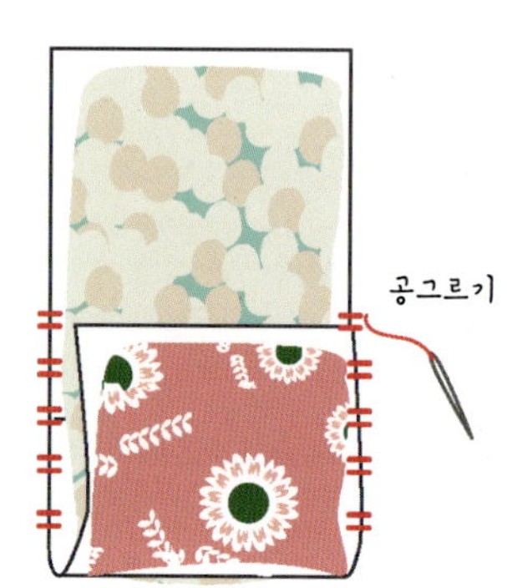

창구멍은 공그르기로 막아요.

약 15cm 정도 접어올린 후 양옆 부분을 공그르기해요. 양쪽에 긴 끈이나 리본을 달아 아이가 들고 다니기 편하게 만들어주세요.

〈보관용 파우치 만들기〉

1

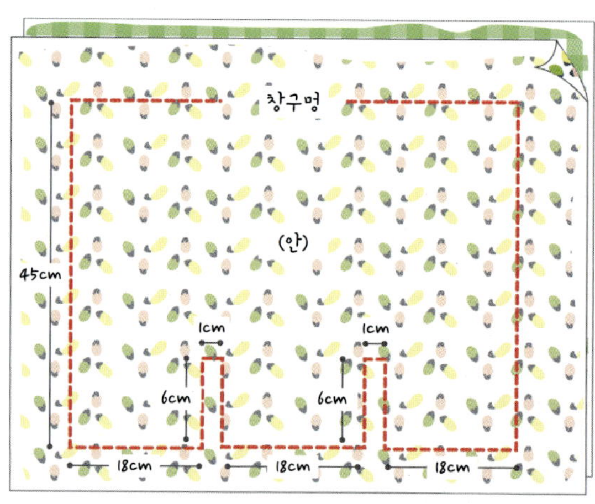

파우치 원단 안감에 사이즈대로 바느질 선을 그린 후 안감과 겉감을 겉면끼리 마주 닿게 포개어 놓고 창구멍 5~6cm를 남긴 후 모두 박음질해요.

2

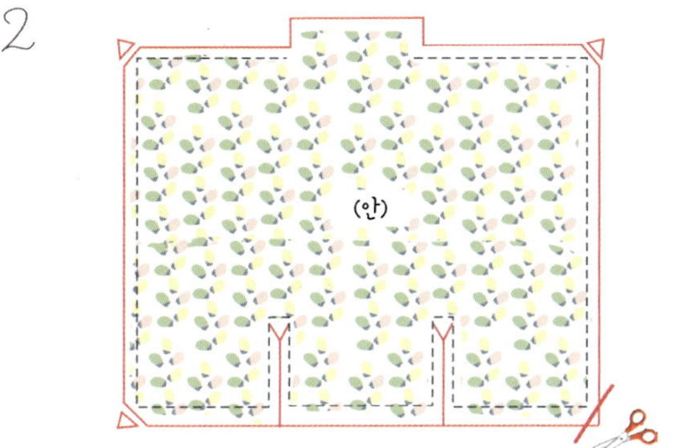

창구멍 쪽 시접은 1cm 남겨두고 나머지 부분은 0.5cm 정도로 잘라요. 모서리 시접도 잘라요.

3

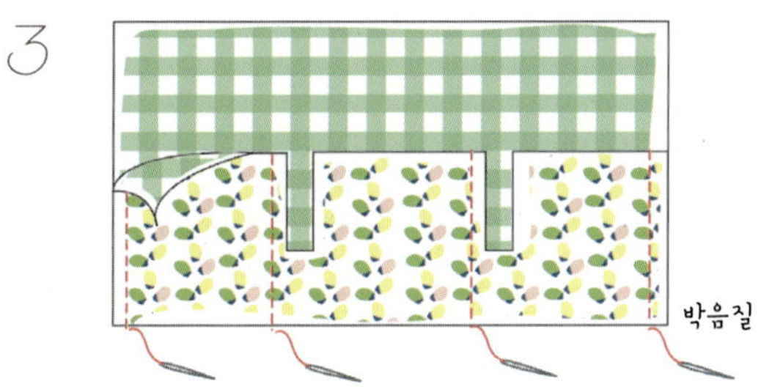

겉면으로 뒤집은 후 창구멍은 공그르기로 마무리하고 파우치 하단을 15~16cm 정도 접어올린 후 옆선을 박음질로 연결해요.

4

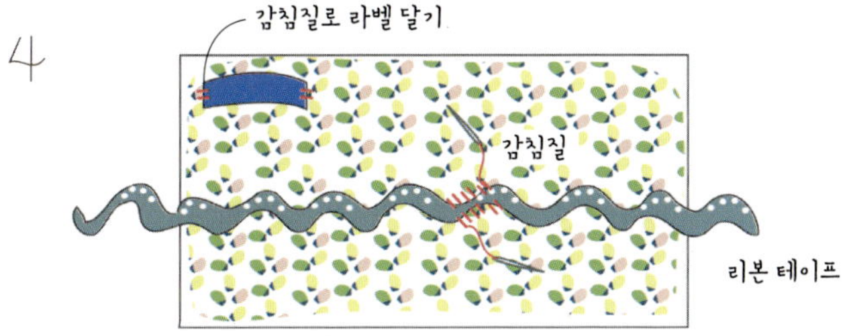

파우치 앞면에 리본 테이프를 감침질로 달고 라벨이나 장식단추를 달아요.

입술 몬스터

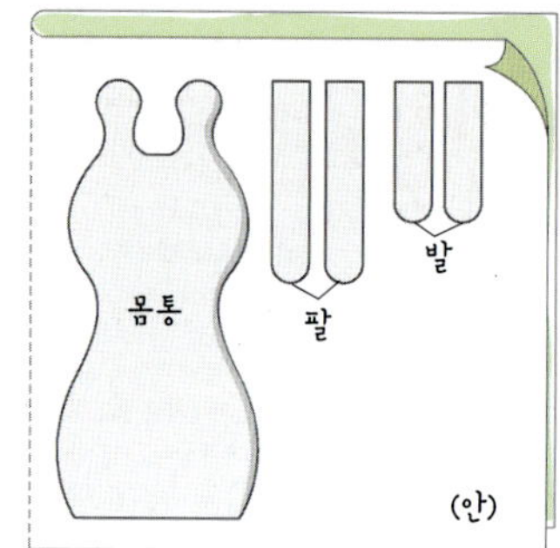

원단을 안쪽 면이 위로 올라오게 겉면끼리 반을 접어 포개어 놓은 후 도안을 대고 바느질 선을 그려요.

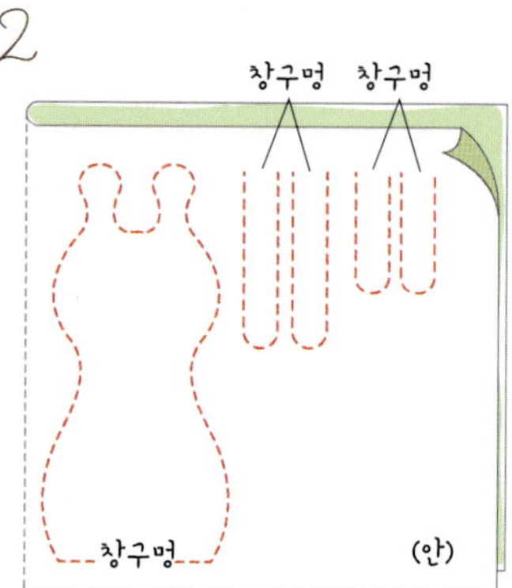

창구멍을 남기고 바느질 선을 따라 박음질해요.

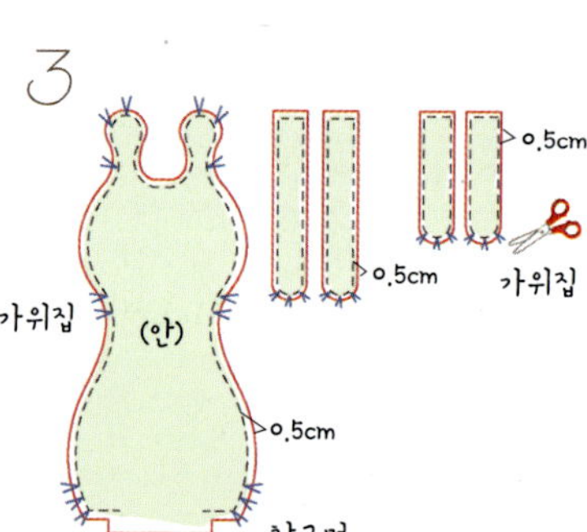

창구멍 쪽 시접은 1cm를 남겨두고 나머지 부분은 0.5cm 시접을 남겨두고 잘라요. 곡선 시접 부분에는 가위집을 주세요.

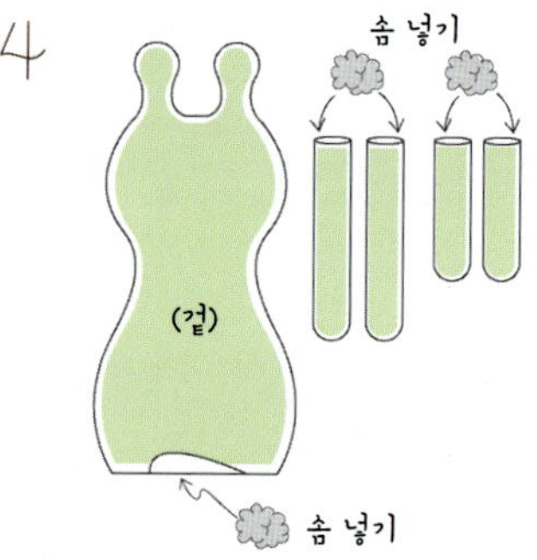

창구멍을 통해 겉면으로 뒤집은 후 겸자를 사용해 솜을 넣어요.

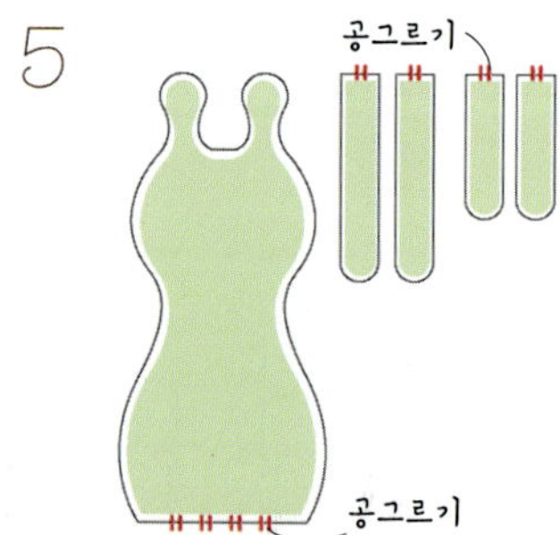

솜을 채워 넣은 후 창구멍 쪽 시접을 안으로 잘 접어 넣고 공그르기로 막아요.

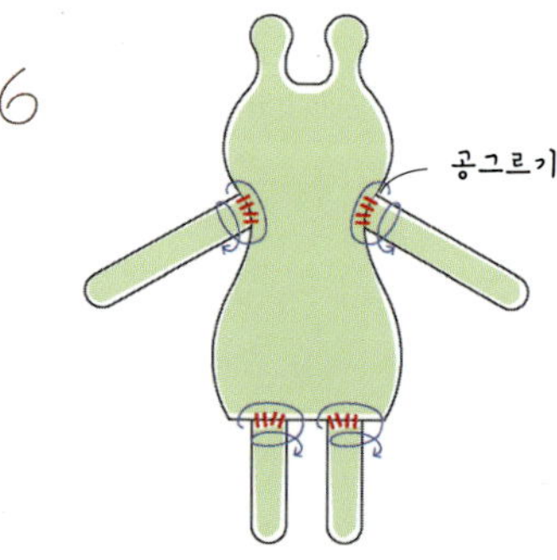

팔, 다리를 공그르기로 몸통에 연결해요. 튼튼히 연결되도록 두 번 정도 빙 둘러가며 공그르기해요.

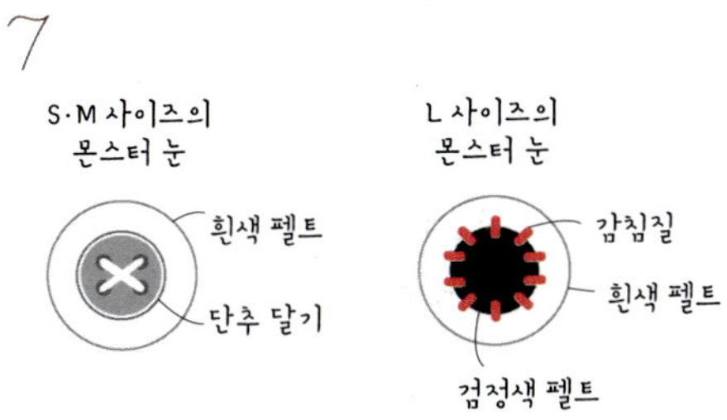

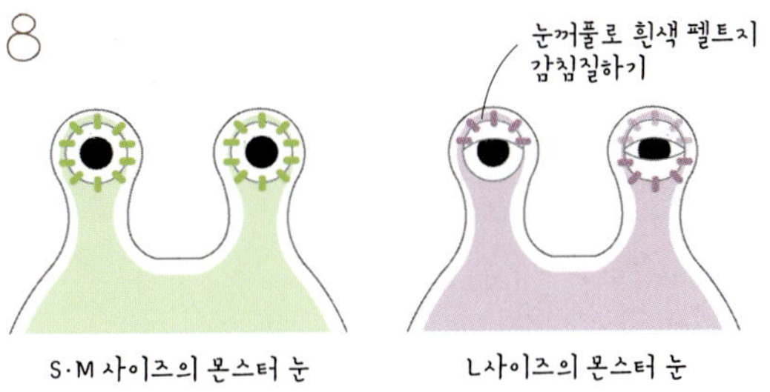

7 흰색 펠트지를 동그랗게 자른 후(2개), 그 위에 검정색 단추를 달아요.(L 사이즈의 몬스터 눈은 흰색 펠트지 위에 검정색 눈알을 올려 놓은 후 감침질해요.)

8 그림처럼 펠트 눈을 감침질로 연결해요.

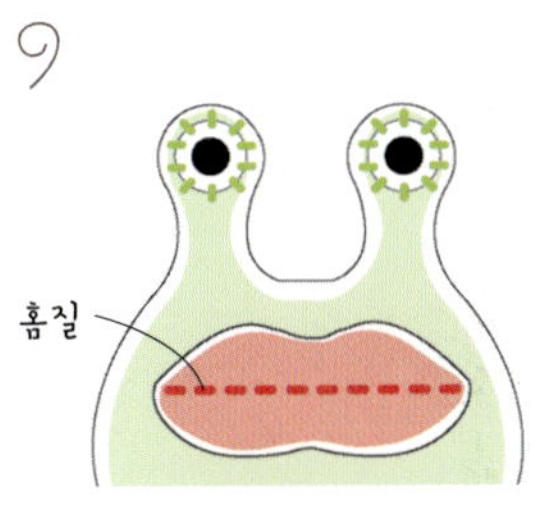

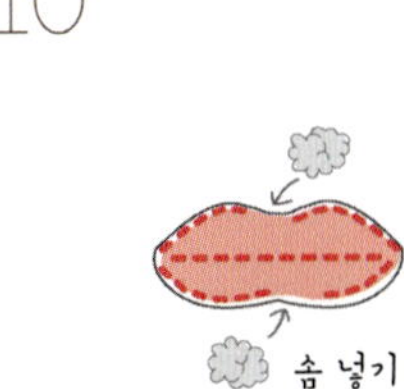

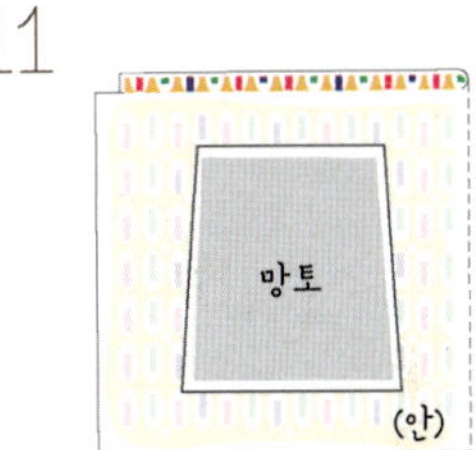

9 빨간색 펠트지를 입술 모양으로 자른 후 입술의 중앙 부분을 홈질로 연결해요.

10 입술을 홈질로 연결하다가 솜을 조금 넣은 후 다시 홈질로 마무리해요.

11 망토 원단을 겉면끼리 포개어지게 반 접은 후 도안을 대고 바느질 선을 그려요. 시접은 0.7cm 주고 재단해요.

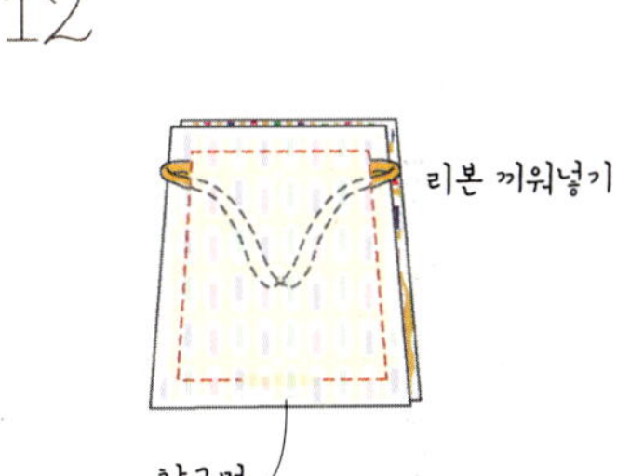

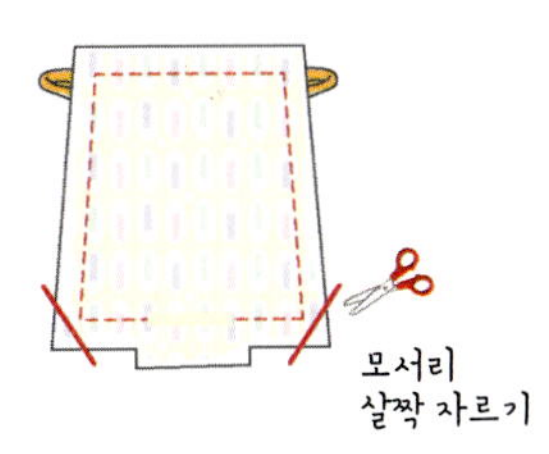

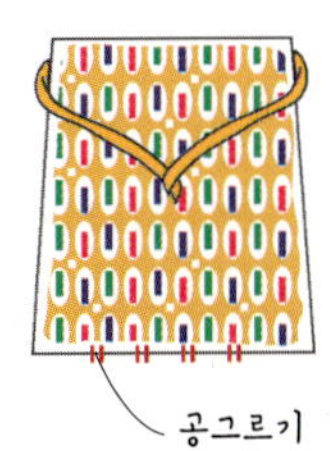

12 창구멍을 남긴 후 나머지 부분을 박음질해요. 이때 리본을 양 옆선에 끼워 같이 박음질해요.

13 창구멍쪽 시접은 남겨두고 나머지 부분은 0.5cm로 잘라주세요. 모서리 부분의 시접을 조금 잘라낸 후 겉면으로 뒤집어요.

14 창구멍 쪽 시접을 안으로 잘 접어 넣은 후 다림질해요. 그런 다음 공그르기로 창구멍을 막아요. 몬스터의 목에 망토를 리본으로 묶어 고정해요.

외눈박이 몬스터

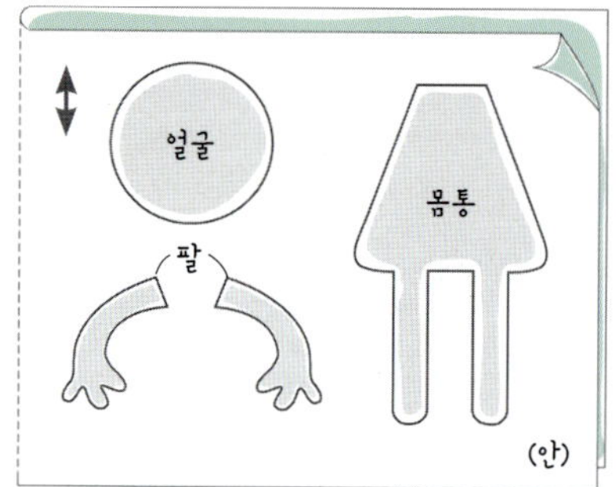

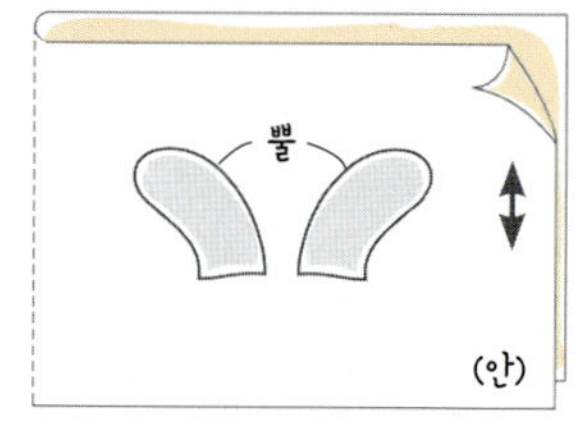

1

원단을 안쪽 면이 위로 올라오게 겉면끼리 반 접어 포개어 놓은 후 도안을 대고 바느질 선을 그려요.

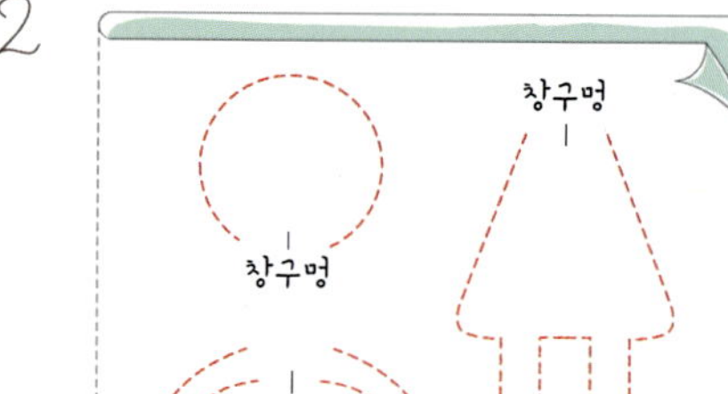

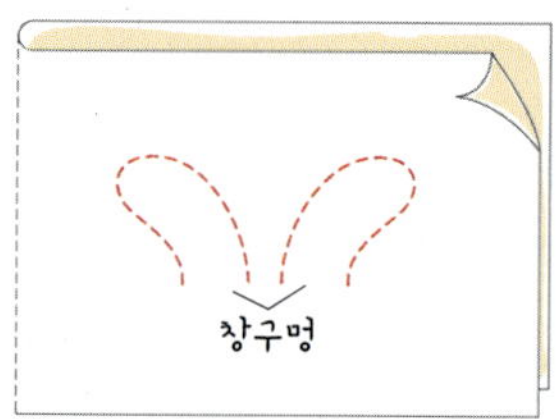

2

창구멍을 남기고 바느질 선을 따라 박음질해요.

3

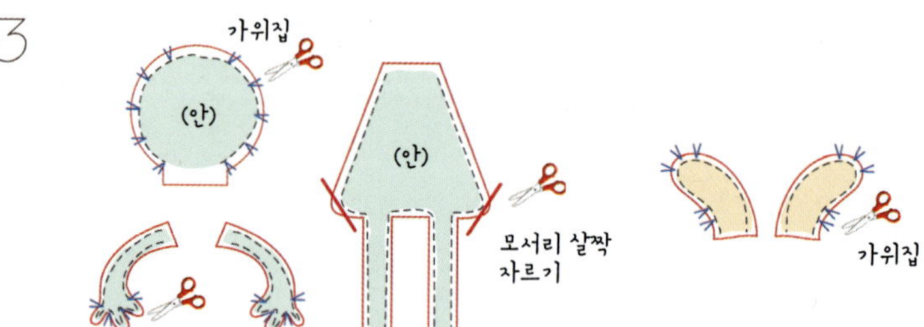

창구멍 쪽 시접은 1cm 남겨두고 나머지 부분은 0.5cm 시접을 남긴 채 잘라요. 곡선 시접 부분에는 가위집을 내요.

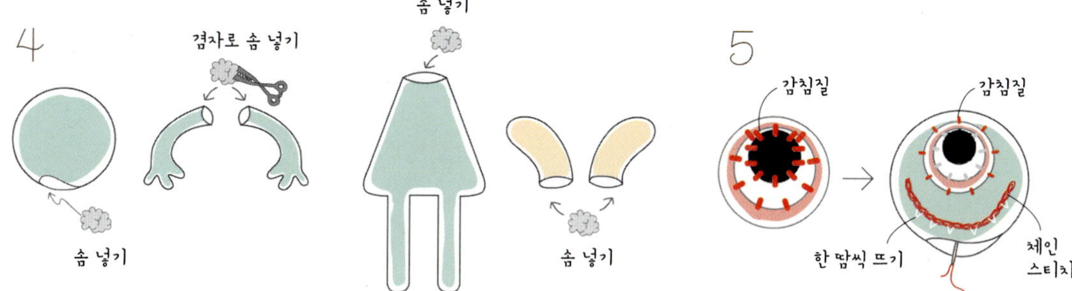

창구멍을 통해 겉면으로 뒤집은 후 솜을 넣어요. 이때 겸자를 사용하면 편리해요.

펠트지에 눈을 재단한 후 감침질로 연결한 다음 얼굴에 눈을 올려놓고 감침질로 연결해요. 체인 스티치로 입을 표현하고 이빨을 V자로 한 땀씩 떠요.(이때 창구멍 속으로 바늘을 넣어 실의 매듭이 겉면에 나오지 않도록 해요)

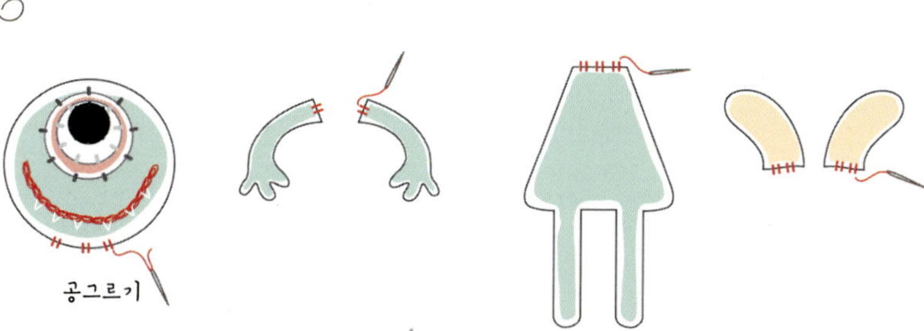

각 부위의 창구멍 쪽 시접을 안으로 잘 접어 넣고 공그르기로 막아요.

몸통과 얼굴 부분을 공그르기로 빙 둘러가며 연결해요.

뿔과 팔을 공그르기로 연결해요. 다리의 끝부분을 조금 접어 감침질로 발을 만들어요. 색실(스티치실 혹은 십자수실)로 발가락을 스티치해요. 작은 몬스터 인형은 털실 레이스 장식을 목에 둘러준 다음 뒤쪽에서 고정해요. 큰 몬스터 인형은 방울 폼폰을 바늘로 관통시켜 고정시킨 후 뒤편에서 리본으로 묶어 고정해요.

부엉이 모빌

1

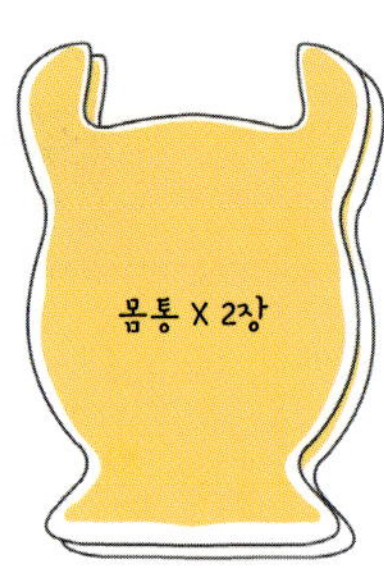

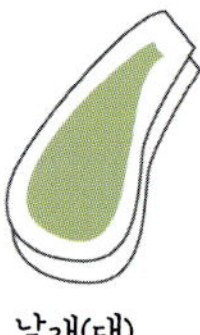

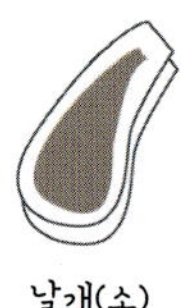

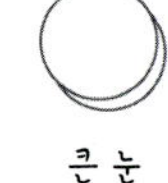

부엉이 몸통 2장, 날개(대) 2장, 날개(소) 2장, 큰 눈 2장, 작은 눈 2장 도안을 펠트지에 그려 시접 없이 재단해요. 같은 방법으로 각기 다른 색상의 펠트지에 도안을 그리고 재단해 인형 5개분을 준비해요.

2

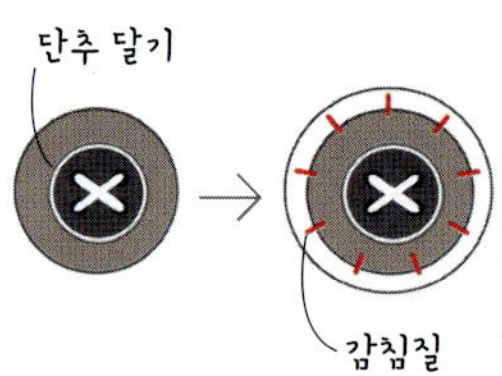

작은 눈 펠트지 위에 단추를 꿰맨 후 큰 눈 펠트지 위에 올려 감침질로 연결해요.

3

부엉이 몸통의 얼굴 부분에 큰 날개, 작은 날개를 겹쳐 양쪽에 올리고 눈으로 덮어 그대로 감침질해요.

4

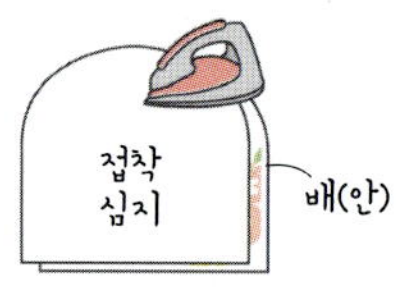

부엉이 배 도안대로 재단한 퀼트면 원단 안쪽에 소프트 접착심지를 다리미로 붙여요.

5

배를 부엉이 몸통에 대고 감침질로 연결해요.

6

부엉이 몸통 펠트지 2장을 안쪽 면끼리 닿게 겹쳐 버튼홀 스티치로 연결하다가 솜을 적당히 넣고 같은 방법의 스티치로 마무리해요. (버튼홀 스티치의 바늘 땀 길이는 0.2~0.3cm가 적당하고, 땀과 땀 사이의 간격은 0.5cm 정도를 둬야 예뻐요.)

7

퀼트용 실이나 낚싯줄에 여러 가지 비즈와 방울 폼폰을 연결한 후 부엉이 몸통 아래쪽에 3~4회 감아 매듭지어요.

8

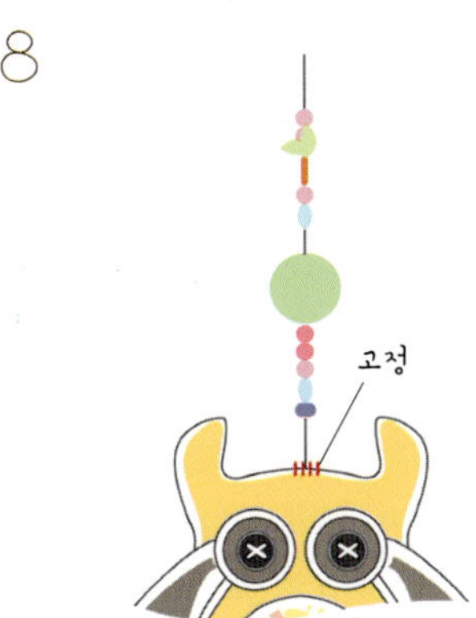

부엉이 머리 부분 중앙에 퀼트용 실이나 낚싯줄을 2~3회 감아 고정한 후 그 위로 다양한 비즈 장식과 방울 폼폰을 끼워 넣어요. (완성한 모빌은 50~60cm 정도 되는 나뭇가지에 걸어 장식해요. 산책 중에 주운 나뭇가지로도 충분히 분위기를 낼 수 있어요.)

해마
모빌

작품보기 p.067

준비물
- 퀼트 면 원단(몸통 · 가슴 지느러미) 2종
- 프릴 원단(등 지느러미)
- 자투리 원단(파란색 계열) 약간
- 와이어(공예용)
- 단추 · 비즈 장식(눈용)
- 방울 폼폼
- 리본 테이프
- 방울솜 30g
- 본드(원단용)
- 글루건

1

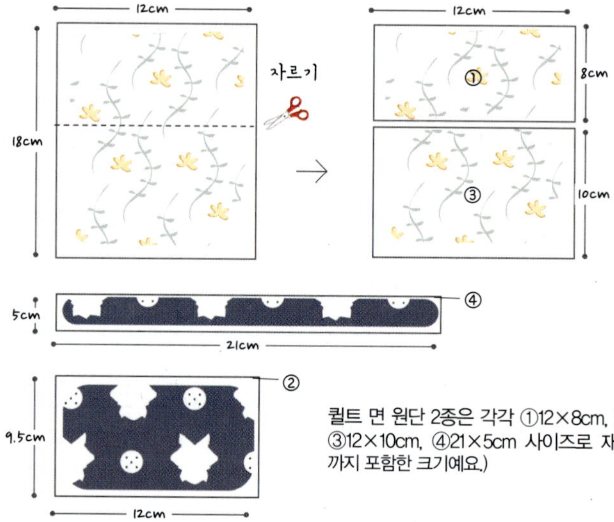

자르기

퀼트 면 원단 2종은 각각 ①12×8cm, ②12×9.5cm, ③12×10cm, ④21×5cm 사이즈로 재단해요. (시접까지 포함한 크기예요.)

2

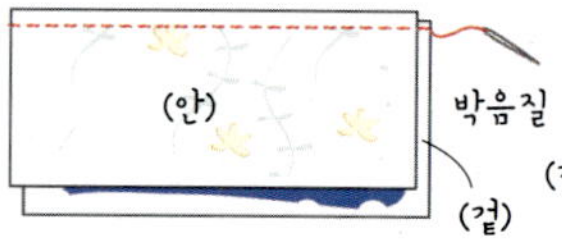

①과 ② 원단을 겉면끼리 마주 닿게 포개어 놓고 박음질로 연결해요. 시접은 가름솔 처리해요.

3

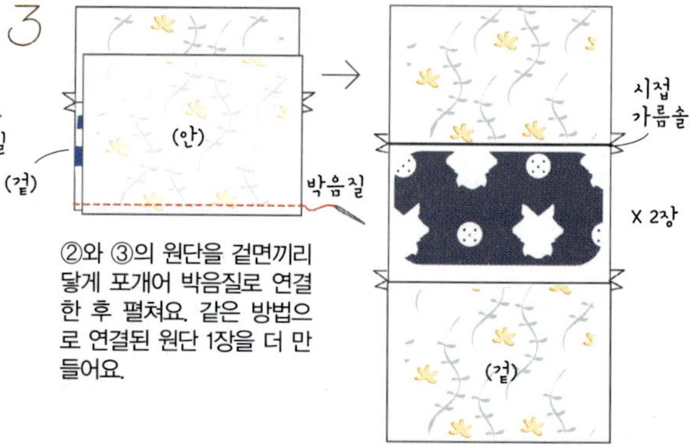

②와 ③의 원단을 겉면끼리 닿게 포개어 박음질로 연결한 후 펼쳐요. 같은 방법으로 연결된 원단 1장을 더 만들어요.

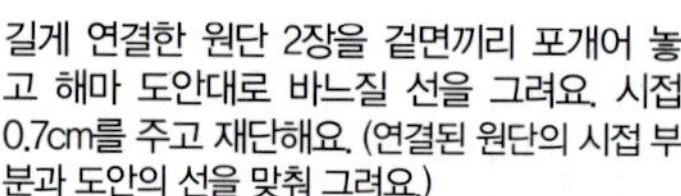

4

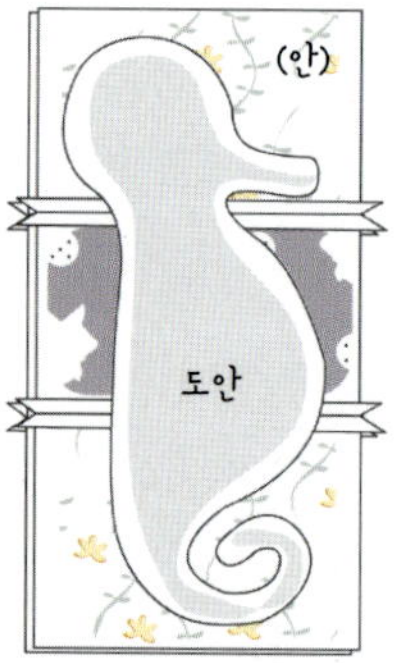

길게 연결한 원단 2장을 겉면끼리 포개어 놓고 해마 도안대로 바느질 선을 그려요. 시접 0.7cm를 주고 재단해요. (연결된 원단의 시접 부분과 도안의 선을 맞춰 그려요.)

5

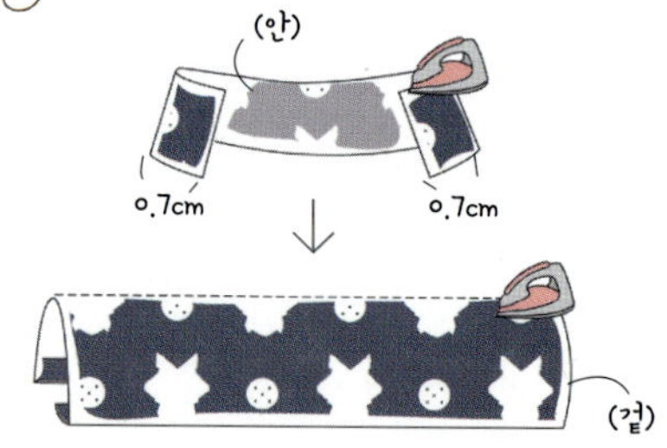

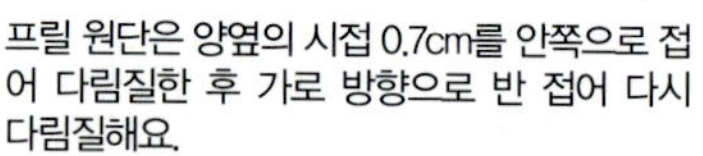

프릴 원단은 양옆의 시접 0.7cm를 안쪽으로 접어 다림질한 후 가로 방향으로 반 접어 다시 다림질해요.

6

프릴 원단은 해마 원단 겉면 위에 놓고 주름을 잡아가며 홈질로 임시 고정해요.

7

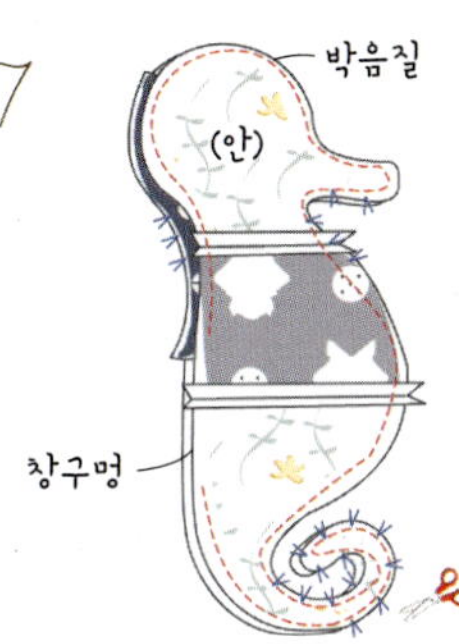

원단 2장을 겉면끼리 마주 닿게 포개어 놓고 창구멍을 남긴 후 박음질해요. 해마 주둥이와 꼬리 부분의 시접을 조금 잘라내고 가위집을 낸 후 창구멍으로 뒤집어요. 창구멍이 작아 뜯어질 수 있으니 겸자나 긴 집게 핀셋을 이용해 뒤집어요.

8

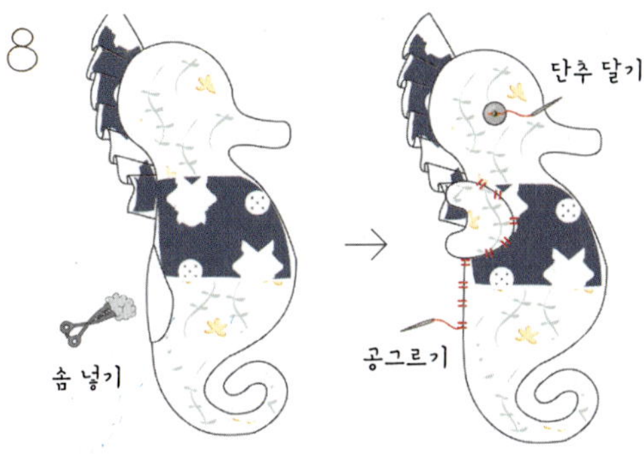

창구멍 안으로 솜을 넣고 시접을 안으로 접어 넣어 공그르기로 막아요. 단추를 달아 눈을 표현하고 그 위에 글루건으로 비즈 장식을 붙여요. (적당한 비즈 장식이 없다면 생략해도 좋아요.)

9

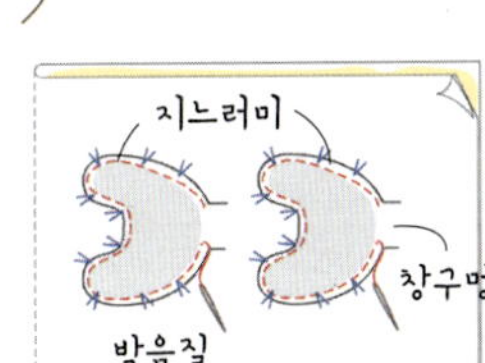

가슴 지느러미 원단을 안쪽 면이 위로 올라오게 반 접고 그 위에 도안을 대고 바느질 선을 그려요. 창구멍을 제외한 나머지 부분을 박음질한 후 창구멍 부분은 시접 0.7cm, 나머지 둘레는 시접 0.3~0.4cm를 주고 재단해요.

10

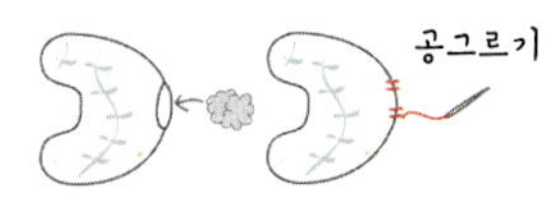

창구멍을 통해 지느러미를 겉으로 뒤집은 후 솜을 채워 넣고 공그르기로 막아요. 해마 몸통에 연결할 때도 공그르기해요.

11

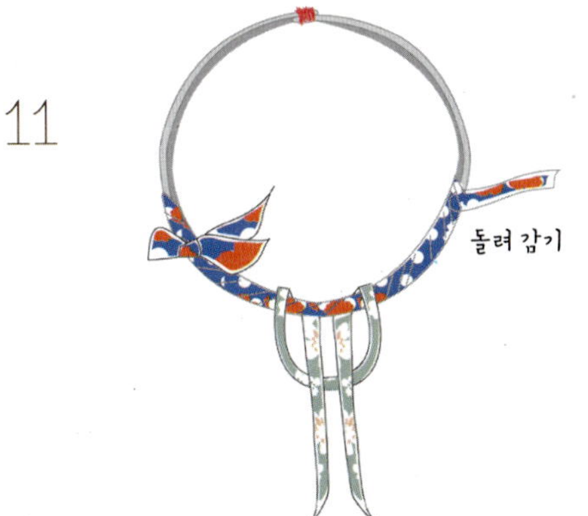

와이어를 둥글게 말아 링을 만들고, 자투리 원단으로 빙빙 둘러 감아요. 여러 가지 색상의 리본과 원단, 방울술, 단추, 비즈 등으로 장식해요. (와이어 링은 벌어지지 않게 글루건이나 실로 묶어 고정하고, 원단을 감을 때는 처음과 마무리 부분을 글루건이나 양면 테이프로 붙여 떨어지지 않게 해요.)

12

해마 인형을 실이나 낚싯줄을 이용해 와이어 링에 묶어 연결해요.

도움 주신 곳

초코엘 www.chocoel.co.kr

초코엘CHOCOEL은 프렌치 스타일의 아동복 브랜드예요.
아이와 엄마를 위한 사랑스럽고 내추럴한 프렌치 룩을 만나볼 수 있답니다.

타이니엘 www.tinyell.com

베이직하고 심플한 스타일의 유아복 브랜드예요.
타이니엘TINYELL의 모든 제품은 100% 오가닉 코튼으로 제작되어 아이들에게 안심하고 입힐 수 있답니다.

위비 따라 인형 만들기

2012년 6월 25일 | 초판 1쇄 발행
2013년 6월 12일 | 초판 2쇄 발행

지은이 | 윤아영
발행인 | 전재국
부문장 | 이광자

임프린트 대표 | 이동은
책임편집 | 강경양
경영관리본부장 | 정유한
책임마케팅 | 노경석 · 윤주환 · 조안나 · 이철주
제작 | 정웅래 · 박순이

발행처 | 미호
출판등록 | 2011년 1월 27일(제321-2011-000023호)

주소 | 서울특별시 서초구 사임당로 82
전화 | 편집 (02)3487-1141 · 영업 (02)2046-2800
팩스 | 편집 (02)3487-1161 · 영업 (02)588-0835

ISBN 978-89-527-6605-2 (13590)

미호는 아름답고 기분 좋은 책을 만드는
(주)시공사의 임프린트입니다.

fine.